U0160710

点境之石——庭院石艺造景实例

[英] A.&G. 布里奇沃特（A.&G.Bridgewater）　著

徐阳　译

中国水利水电出版社
www.waterpub.com.cn
·北京·

内 容 提 要

本书以详尽的文字说明和大量图片介绍了适合庭院建造的 15 种石艺景观的设计与规划、基本的工具和材料以及基础小技能。本书中的每个石艺项目的成品图均以作者打造的庭院为背景拍摄，不仅具有实践意义，也能激发读者灵感。无论是用石材修一条简易的蜿蜒小径，还是筑一堵干砌石墙，每个石艺项目都很容易上手。同时配以详尽的操作指导，无需掌握高深技巧，便能打造一座庭院中最特别的石艺景观。

本书适合对庭院石艺项目有兴趣的读者及园艺师阅读与参考。

北京市版权局著作权合同登记号：图字 01-2020-1555 号

Original English Language Edition Copyright © **AS PER ORIGINAL EDITION**
IMM Lifestyle Books. All rights reserved.
Translation into SIMPLIFIED CHINESE **LANGUAGE** Copyright © 2021 by
CHINA WATER & POWER PRESS, All rights reserved. Published under license.

图书在版编目（ＣＩＰ）数据

点境之石 ：庭院石艺造景实例 ／（英）A.&G. 布里奇沃特著 ；徐阳译. -- 北京 ：中国水利水电出版社，2021.3
（庭要素）
书名原文：Weekend Projects Stonework
ISBN 978-7-5170-9426-5

Ⅰ．①点… Ⅱ，①A… ②徐… Ⅲ ①庭院－园林设计
Ⅳ．①TU986.2

中国版本图书馆CIP数据核字(2021)第030882号

策划编辑：庄 晨 责任编辑：王开云 加工编辑：白 璐 封面设计：梁 燕

书 名	庭要素 **点境之石——庭院石艺造景实例** DIAN JING ZHI SHI——TINGYUAN SHIYI ZAOJING SHILI
作 者	［英］A.&G. 布里奇沃特（A.&G.Bridgewater） 著 徐阳 译
出版发行	中国水利水电出版社 （北京市海淀区玉渊潭南路 1 号 D 座 100038） 网址：www.waterpub.com.cn E-mail：mchannel@263.net（万水） 　　　　sales@waterpub.com.cn 电话：（010）68367658（营销中心）、82562819（万水）
经 售	全国各地新华书店和相关出版物销售网点
排 版	北京万水电子信息有限公司
印 刷	雅迪云印（天津）科技有限公司
规 格	210mm×285mm 16 开本 5.75 印张 179 千字
版 次	2021 年 3 月第 1 版 2021 年 3 月第 1 次印刷
定 价	59.90 元

目　录

简介 **4**

第一部分：技巧篇 6　设计与规划 **8** ｜ 材料 **10**

工具 **12** ｜ 基本技能 **14** ｜ 小径、台阶和露台 **16**

墙体和其他结构 **18** ｜ 岩石庭院和其他石砌景观 **20**

第二部分：庭院小计划 22

简　介

我们终究买下了那间位于码头边的小村舍，一走进康沃尔郡的那座小村庄，我们就被震撼到了。从房子、屋顶、院墙和门柱，再到港口围墙、台阶、人行道、马路、小径和肉铺的案板，里面的一切建筑素材都取自当地石材。而其中体量更大的建筑，如桥梁和港口附近的城垛，更是引人注目。然而，最能激发我们灵感的却是一些不起眼的庭院建筑——矮墙、漂亮的拱门特色石凳，还有那通往水边的一道道台阶。从那一刻起，我们的心就被石砌俘获了，并由此深受启发。

石砌简史

到原始人类的早期洞穴聚居点看看，就能发现石砌建筑。有的石砌建筑的结构看起来只是石头堆而已，用来生火或当工作台。尽管如此，挑选、堆砌这些石头依然是一个复杂的过程，需要心、手、眼协调。掌握石砌技能后，人们开始修建石墙、石梁、石拱门、石屋以及其他体量更大的建筑，如金字塔和大教堂。

用大大小小的圆形石头堆砌而成的干砌石墙。

一座迷人的岩石庭院中有跌水和水潭。此处使用大块岩石，师法自然，格外引人注目。

汲取灵感

石砌是一门激动人心的技艺：一旦开始尝试，你就会用全新的眼光看世界。将一块石头仔细地堆叠在另一块石头上，这实在叫人心醉神迷，从石头村落、教堂和乡间小屋都可以看到这些。把灵感带回家，转换成美化自家庭院的小物件，这将会其乐无穷。

祝好运！

健康与安全

许多石砌工程可能都存在危险环节，开工前请仔细浏览下列注意事项：

- 请确认自己的健康状况和体力能否支持相应的工作量。如果不确定，请咨询医生。
- 从地面举起大块石头时，下蹲抱起石头，贴近身体，挺直腰背，以防背部拉伤。
- 如果目测石板沉重，无法独自搬运，请找人帮忙。别冒险，防止受伤。
- 处理水泥和石灰或用锤子和凿子切割石料时，请戴上手套、护目镜和防护面具。
- 倘若过度疲劳或身体不适，请不要操作电钻等机械工具，也不要托举或搬运重物。
- 将急救箱和电话放在触手可及的位置。

第一部分

技巧篇

设计与规划

石砌的成功秘诀在于细节。如果你能在开工前再三斟酌，对测量场地、绘制草图以及订购石料等操作流程进行规划，考虑怎样移动看似无法搬运的沉重石头，那么你不仅可以完全接受这本书的内容，还能施展魔法，让庭院焕然一新。

考察户外空间

评估庭院

在庭院中四下走动，观察太阳的位置如何改变空间基调——需要留意日照强度和阴影的面积与位置。考虑各种可行方案：可不可以紧挨屋子修筑一座石砌露台，以模糊室内和户外空间的边界？能不能另辟一条小径，改变庭院的使用方式？可不可以砌墙、修筑石桌和凳子，改变这片空间的利用方式？你会发现激动人心的方案多种多样……

选择风格

室内风格是我们自己选择的——现代气息、异域风情还是某种特定历史时期的风格随你挑选，户外空间也一样。你希望庭院直接呼应室内空间的风格，还是大胆地师法自然？

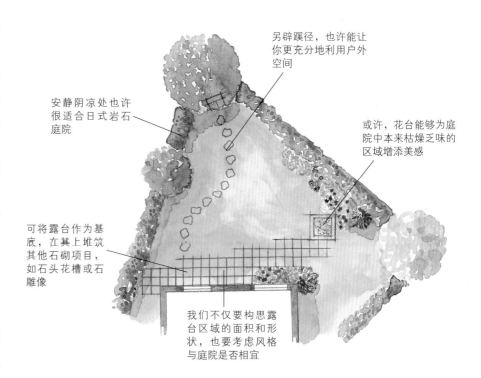

另辟蹊径，也许能让你更充分地利用户外空间

安静阴凉处也许很适合日式岩石庭院

或许，花台能够为庭院中本来枯燥乏味的区域增添美感

可将露台作为基底，在其上堆筑其他石砌项目，如石头花槽或石雕像

我们不仅要构思露台区域的面积和形状，也要考虑风格与庭院是否相宜

尽管户外空间大小不同，形状与风格各异，但其中总有可以改善的区域。可能缺一座露台，或许你想修一座引人注目的石雕像。在庭院平面图上画出各种可能吧。

设计

修筑什么

考察户外空间的日照、基调和风格之后，你也会更明确需要修筑什么，这是激动人心的一刻。最好从解决基础设施着手，然后逐渐展开。例如，假设你的庭院没有小径，需要铺路，也许这就是出手的好机会。倘若修筑拱门或砌墙是你梦寐以求的计划，那

就让自己梦想成真吧。

形式与功能

从许多方面来说，形式要服从于功能——也就是说，在设计美丽精致的装饰花纹前，要先确保板凳坐起来舒服。不过，别让这条规矩限制了你的想象力。举个例子，要是你喜欢我

们的罗马式拱门壁龛（见第 86 页），却想沿着庭院修筑一整排，那就大胆放手尝试吧。

选择石材

任何一项石砌工程都有一些基本建材要求——如使用薄石板还是方石块修筑，但除此之外，选择多种多

样。你可以走访售卖石料、回收石料以及人造石材的供应商，看看都有哪些选择。

绘制草图

考察了自家庭院，分析完设计方案、面积、功能以及石材供应源和价位之后，就可以做准备工作了。如果头脑中还没有清晰的效果图，可以先用速写把想法表现出来，然后再看具体如何实施。先按比例画出草图，标出需要砌几层石头。分层解读工程，有助于规划建筑步骤：地基石板，第一层石头，下一层石头，如此等等，然后下笔画出每一层。这样不仅能够明确工序，还可以暴露潜在的问题，有助于更好地完成后面的工程。

搜集石砌结构图片，做成剪贴簿，让你心动的庭院小物件（如花盆）照片也可以收录其中，你一定会受益匪浅。规划石砌结构时，你可以借鉴这本剪贴簿，汲取灵感。

规划

筹备工作

筹备施工的物流环节。首先，确定建材在家中的储存位置。如果你要求送货上门，事先问清楚供货方，卸货时建材放在货板上还是手工卸载？有时，砂子和砾石会装在大袋子里运来，用吊车卸载，因此要提前寻找足够的储存空间。移除的草皮和弃土，你打算放在哪里？

开车出门或孩子玩耍等家庭日常活动在施工期间是否会受影响？搅拌混凝土或搬运石头时，需要请人帮忙吗？要是下雨，是否需要在未完工的地方铺塑料布遮雨？试着想象各种

可能出现的状况，预防潜在问题。

许可与安全

查看要修筑的石砌结构是否存在施工限制。如果建筑物背靠庭院墙体，先确定这面墙是不是属于你家的。如果是属于邻居家的，须先征得对方同意，然后再动工。

安全起见，干活时请穿合适的衣服。同时必须戴结实的手套保护双手，穿舒适、厚实的靴子保护双脚。托举沉重的石头和石板时，确保孩子远离危险区域。

规划清单

- 你家附近有采石场吗？如果有，那么这应该是最实惠的供应源了。

- 通往庭院的入口是否足够宽敞？如果石材在你家车道或大门口卸载，会出现问题或危险吗？

- 你打算怎样将石材搬运到施工现场呢？你自己就能解决，还是要请朋友帮忙？

- 你的庭院地面足够平坦吗？有没有足够宽的小径供手推车通行呢？倘若是湿软的草坪而又几乎没有小径，你需要为搬运建材做哪些安排呢？

材料

本书中建造庭院的主要材料是石头和砂子，对此，你只需要了解常用材料的品名、颜色和性状。砂岩可以裂成便于使用的片状，回收的屋面石瓦比较适合砌筑薄层结构，明白了这些，其他都不在话下。

注意

施工过程中，石头可能会砸到手指或脚趾，搬运时也有肌肉拉伤的风险。请戴结实的手套、穿结实的靴子，托举时务必小心，需要搬运大石头时可寻求帮助。

石头、混凝土和砂浆

石头的形状和颜色

书中的小计划都是用凿子切割石头（而不是用角磨机），因此最合适的两种石材是能够裂成薄片的砂岩和容易碎成块状的石灰岩。向供应商说明需求，查看可供选择的石材，了解它们的特性，然后选择合适的购买。

天然石材和人造石材

天然石材的颜色和纹理无可匹敌。不过，它比人造石材要贵得多。大部分情况下，我们会在墙体和布景中使用天然石材，需要方方正正的大石板或铺路板时就选用人造石材。修筑干砌石墙（第44页）时，我们的材料清单的确列出了人造石砌块，但这是为了用砌块训练技能，希望熟练以后你能够自信地使用天然石材修筑更复杂的墙体。

其他建材

细砂（又称建筑用砂）常用于混制细腻的砂浆，尖角粗砂用于搅拌混凝土和纹理粗糙的砂浆。然而，本书中大部分情况下都采用细砂混制砂浆，尖角粗砂则出现在搅拌混凝土

的石砟（砂子和砾石的混合物）中。这样一来你就可以直接批发砂子了。砾石和卵石皆用于装饰性铺砌和硬底层。

采购石料

先确定工程所需石材的颜色和特性，然后去采石场或石料加工厂选购。大部分石材以平方米或立方米为单位出售。挑选所需石材时，先在地上铺 $1m^2$，观察石头的组合效果。石材一定要先看后买。

第11页中适合本书工程的一些材料：

编号	材料	编号	材料
1	人造石砌块	2	混凝土砌块
3	绳纹顶人造石路缘	4	角柱
5	凯尔特纹饰铺路石和方块铺路石		
6	屋面陶瓦	7	石灰岩
8	砂岩	9	砖块
10	屋面石瓦	11	石板
12	中号卵石	13	人造石铺路板
14	约克石	15	雕塑
16	岩石	17	板岩碎屑
18	扇面铺路砖	19	豆砟石
20	造景石	21	人造石铺路板
22	灰色人造小方石		

搅拌混凝土和砂浆

砂浆和混凝土都以骨料、水泥和水为原料，但配方不同。大部分石匠都有自己习惯的配方。例如，有些人用1份水泥、5份尖角粗砂和1份石灰拌砂浆；还有人用1份水泥、6份细砂，却不用石灰。书中这些小计划给出的配方已计入浪费和损耗，可以放心大胆地使用。我们用这样的配方：

注意
水泥和石灰具有腐蚀性

施工时请务必戴上防护面具、手套和护目镜。如果皮肤接触到了水泥或石灰粉，请立即用大量清水冲洗。

- 普通地基混凝土：1份波特兰水泥，5份石砟（从小石头到尖角粗砂，大小不一）。

- 小径混凝土：1份波特兰水泥，4份石砟。

- 普通砂浆：1份波特兰水泥，4份细砂。

- 细腻、黏合性较强的砂浆：1份波特兰水泥，1份石灰，3~4份细砂。

工具

工具是石砌成功的关键之一。再好的工具也无法替代热情和决心，但选用高品质工具可以确保事半功倍。不过，刚开始也可以先用手头的工具，等需求量增加后再购置新的工具。

选用合适的工具

测量和标记范围

需要准备：伸缩卷尺和直尺，用于测量场地；刻度尺，用于工程细部测量；小木桩和绳子，用于围出场地形状；水平尺，用于检查是否横平竖直；粉笔，用于标记对准位置。要是准备两种卷尺，就更方便了（小一点的钢卷尺，用于测量 3m 以内长度；大一点、容易擦净的玻璃纤维大卷尺，用于测量庭院中较长的距离）。

搬运泥土

准备一把铁锹，用于划开草皮或挖洞；准备一把长柄园艺叉，用于转移草皮。将泥土从一处转移到另一处时，需要用到长柄铲、手推车还有桶。如果需要转移的泥土比较多，最好准备耙子，事先将泥土在场地上铺开。

切割、劈开石头

除了保护双手的结实手套和保护双脚的结实靴子，你还需要：长柄锤，用于压实硬底层；砌砖锤和砖工凿，用于切割劈开石头；石工锤，用于精细切割或雕琢小块石头。你可以

准备一块旧地毯，铺在工作面上。钢丝刷、扫帚和小手刷放在手边，就可以轻轻松松地清洁石面、清理现场。如果你容易腰酸背痛、膝盖疼，可准备一个旧坐垫或跪垫。

搅拌混凝土和砂浆

你需要准备：长柄铲，用于搬运砂子、水泥和石砟；水桶，用于搬运水和少量混凝土或砂浆混合物；手推车，用于在庭院各处运送大量混合物。如果你发觉自己爱上了石砌，打算用石头修砌更多景观，可以考虑采购一台小型电动搅拌机，这样搅拌混凝土和砂浆时会更轻松。完工后，尽快洗净工具上的砂浆和混凝土，尤其是天热时——混合物很快就会僵住。

铺砌石头

将混凝土和砂浆运到施工现场后，你需要：砌砖刀（一种大铲刀），用于取放大量砂浆；抹子（一种小铲刀），用于清理缝隙或修饰纹路。用抹子勾缝时，也要用砌砖刀取放砂浆。石头铺进砂浆后，用砌砖锤或橡皮锤

轻轻拍平。此后，用测量和水平工具检查是否齐平。石头铺好一小时后，砂浆开始硬化，此时就可以用抹子刮除多余的砂浆了。

通用工具

施工过程中，我们还会不时用到这些工具：羊角锤，用于钉钉子或拔钉子；横切锯，用于切割木料；带钻头的手钻，用于钻孔；螺丝刀，用于拧螺丝；美工刀，用于割开绳子和塑料布。我们也可以用形状不太规则的胶合板和木板保护施工现场，用工作板堆放砂浆。如果你很珍惜家中现有的草坪，开工前用工作板把它围起来，避免施工中受到践踏或被手推车和工具压伤。

> **注意**
> **电动工具**
>
> 电、晨露、水桶和潮湿的手，这些聚在一起非常危险。如果你用的不是手钻而是电钻，或需要用到电动混凝土搅拌机，确保使用时连接断路器，防止触电。

基本工具箱

本书中的小计划需要准备如下工具。这些都可以从网上或建材市场买到，也可以租。角磨机可酌情考虑买还是租，这种工具比较昂贵，也非必备。不过，倘若你打算做更多需要切割石头的工程，可以考虑购入一台。电动混凝土搅拌机（图中未展示）可能也会派上用场。

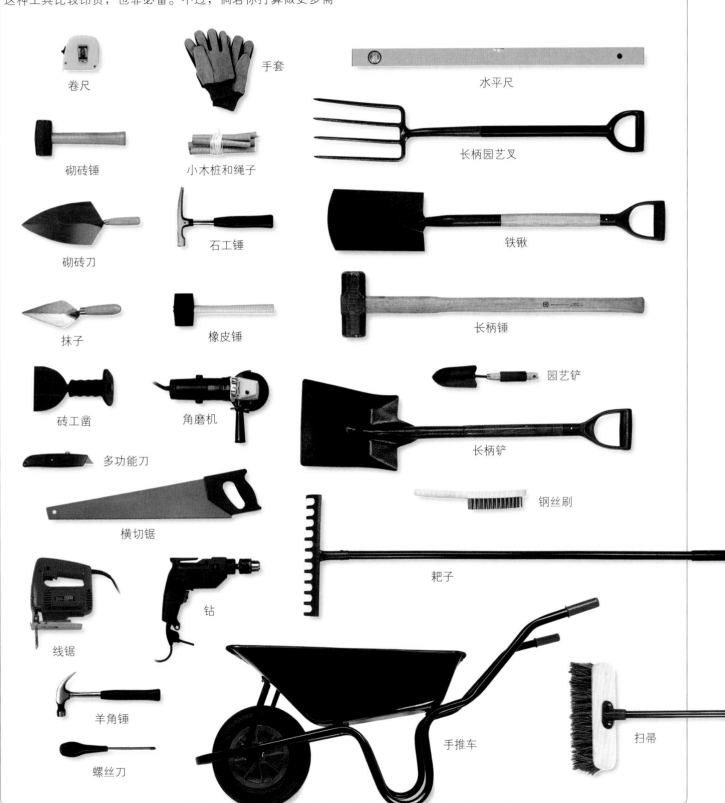

卷尺

手套

水平尺

砌砖锤

小木桩和绳子

长柄园艺叉

砌砖刀

石工锤

铁锹

抹子

橡皮锤

长柄锤

砖工凿

角磨机

园艺铲

多功能刀

长柄铲

横切锯

钢丝刷

线锯

钻

耙子

羊角锤

手推车

扫帚

螺丝刀

基本技能

　　一旦掌握了基本技能，堆砌石头对你来说就是一项放松身心的活动了。花一两天时间，练习切割石材和搅拌砂浆等基本技能，差不多就能解决本书中任何一个小计划了。用一个周末，将学到的技能付诸实践，一堆石头和砂子就会变成惊艳的石砌建筑。

标记范围

　　选好砌筑地点并确认所选位置适合所选工程后，你需要测出这片区域的面积，并用小木桩和绳子标记出来。如果地基是正方形或矩形，检查四角是否呈直角，这时查看两条对角线是否等长是个好办法。在边角处使用"双木桩法"（见右图），不仅能让你在固定形状时省去剪断绳子的麻烦，挖坑时小木桩也不会碍事。最好用天然纤维制成的绳子，这种绳子不易打结。

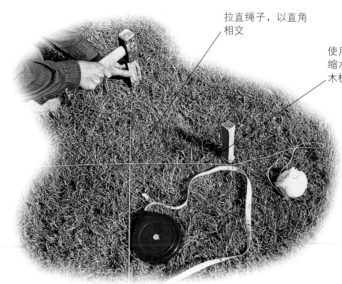

拉直绳子，以直角相交

使用前可将绳子润湿，缩水后它会紧紧贴服在木桩上

用小木桩和绳子标记场地的大小和形状。每一步，都需要检查尺寸是否正确。

打地基

搭建模板

　　用小木桩和绳子确定地基形状后，按所需深度挖出泥土，运出施工场地。用模板和模板木桩在凹槽中搭出框架。将两根木桩敲进地里，取一块板，靠着两根木桩钉住。第二块板接着第一块，用木桩固定，如此继续，直到将框架围好。

　　用水平尺检查框架上缘是否平齐。如需敲击框架、微调水平面，先把水平尺移开，避免被锤子意外砸坏。

浇筑混凝土板

　　模板搭好后，在框架中铺设硬底层——可以用碎石，也可以用建筑瓦砾，然后用长柄锤在地里压实。请勿使用含有植物残渣、铁锈或玻璃的建筑瓦砾，更不能使用混入石棉的。如此继续，直到出现结实的硬底层。

　　从模板一端开始，在硬底层上浇筑混凝土。将其用铲子随意铺开，再用一截木头压平，与模板顶部平齐。混凝土通则：搅拌的混合物越干，完工后的混凝土板越坚固。

抓住木条两端，贴着模板上缘滚动

可能需要增减混凝土，才能调整出合适的水平面

将木头框架（模板）平置于地基坑，围出混凝土板的形状。在模板中注入混凝土，压实、刮平。

切割石材

砖工凿的使用

砖工凿和砌砖锤可将一块石头一分为二。用粉笔和直尺画出切割线。戴手套保护双手，戴护目镜保护眼睛。由于操作时碎石飞溅，请远离孩子和宠物。将石头放在木块、旧地毯或一堆砂子上，砖工凿对准切割线，用砌砖锤连续轻敲。在石头两侧敲击，让那条线逐渐开裂。接着加大力度，直到石头一分为二。别以为可以一锤定音——这几乎是不可能的！

石工锤的使用

石工锤可用于修整石材。一手牢牢拿住石头，将要修整的那条边远离自己。拿起石工锤，用凿子那头将边缘打磨成型。

用砖工凿和砌砖锤切割或劈开石头。竖直凿子，敲击几次。

砌筑

分层堆砌

混制细腻如黄油般的砂浆，使其硬稠。将石头堆润湿。把砂浆铲到混凝土地基板上，铺入第一块石头。在第二块石头的端面抹砂浆，铺进混凝土板上的那层砂浆，端面紧挨第一块石头。砌好一排石头后用砌砖锤或橡皮锤轻轻拍齐。先别为渗出的砂浆忙得团团转，刮下来扔回砂浆堆就好，但千万别把变硬的砂浆和石头扔回去。

整平

一排石头铺砌完成后，有必要检查是否横平竖直。后退几步，看看是否存在问题，然后在石头上放一根木条，用锤子轻拍木条，直到横七竖八的石头全部乖乖就位。将水平尺靠在木条上，辅助观察，如有需要，再作进一步调整。

铺设一层层石头时，切记要错开两层石头的接缝，堆砌新的一层之前，先检查前一层是否平齐。

灰缝的处理

填缝

砌完墙体一部分时，需要填缝或勾缝。用小抹子，在大砌砖刀背面抹一层 10mm 黄油般的砂浆。大铲刀当调色板，小铲刀当画刀，在砂浆中划开一道直边，用小铲刀背面边缘刮取一道 10mm 宽的砂浆（像一条虫子的方形截面），擦进缝隙。在所有敞开的接缝处重复上述过程。这个技巧需要反复练习才能掌握。拿铲刀，按自己习惯的手法操作就好，那样更容易达到理想的效果。

勾缝和清理灰缝

你可以等砂浆快要凝固时，用铲刀勾抹出顺滑的表面；也可以等砂浆硬化后再清理灰缝，露出石头边缘。本书中大部分工程都适合采用清理灰缝这一做法。别幻想可以在砂浆很软的时候清理灰缝。

在花式拼铺的缝隙中填满砂浆，用抹子在砂浆上塑造出微倾或略带山脊的表面。

小径、台阶和露台

　　小径、台阶和露台都是庭院中非常实用的元素，这些干燥平坦的区域能让我们舒舒服服地闲庭信步。它们看起来也赏心悦目——探索蜿蜒曲折的小径，在斜坡拾级而上，坐在阴凉的露台上，谁能抵挡住这种诱惑呢？你可以走访公园、庭院和历史悠久的豪宅，看遍或简洁质朴或气势恢宏的各种设计。

修筑小径

设计与规划

　　研究场地，确定小径的路线和类型，还需要考虑地基的深度和结构、路面材料以及路缘类型。用卷尺、小木桩和绳子在地上标记路径范围。注意，布局设计不要打破庭院原有的平衡。

修筑

　　按照所需深度挖地基，铺上硬底层压实，其上覆盖所选材料——砂子、道砟或混凝土。倘若地面湿软，就需要更坚实、更深的地基，同时加厚硬底层（见第14页"打地基"），不要用砂子或道砟浇混凝土。铲厚厚的砂浆团，将石块、铺路板或石板铺在路面上。挖出沟槽，铺砂浆，嵌入路缘。最后，用砂子或砂浆填缝。

这条精心设计的与自然融合的小径采用了格洛切斯特郡石头，采用传统手法，立起铺在黏土和碎石的混合物中。这种小径走起来略感凹凸不平，但在传统庭院里看起来效果很棒。蜿蜒曲折或波形线条的小径也能采用同样的手法修筑。

汲取灵感

混用砖块和石头铺路，铺出矩形图案。

使用特定形状的模制混凝土板也能铺出精致的图案。

天然石材台阶搭配岩石路缘，非常适合不规则庭院。

修筑台阶

设计与规划

确定台阶踢面的数量和高度及踏面的进深。测量出所选石材的平均厚度，看看每一级踢面需要砌多少层石头。

修筑

用小木桩和绳子标记地基范围，然后挖出所需深度，将模板放进凹槽，在其中填满硬底层和混凝土。修筑第一道踢面和侧壁，回填硬底层。铺设第一道踏面。后续台阶同理操作。

这些岩石台阶类似于踏脚石，容易与景观融为一体。更规则的台阶则需要用卷尺、木条和水平尺仔细测量。

修筑露台

这座青灰色露台以不规则的青石板花式拼铺而成。其中一圈石头侧边着地，立起铺在砂浆中，摆成辐射状，颇具特色，好像鹦鹉螺化石。

设计与规划

用卷尺、绳子和小木桩在地上描摹出露台的形状。如果你用的是模制混凝土板铺路，应尽可能设计出能用整数块石板拼铺的露台，这样就不必切割石板了。

修筑

挖出所需深度，把模板放进去。查看水平面，调整模板，使其向一侧微倾，这样有助于排水。铺硬底层及覆盖材料（砂子、道砟或混凝土）。将路面石料铺进砂浆。

嵌入式台阶，饰以对称的装饰瓮，为这片区域增添一丝古典气息。

用铺路石、踏脚石、卵石和砾石修筑的露台和小径。

扇面图案组成的环形露台，引人注目，形成焦点。

墙体和其他结构

墙体、容器、基座和其他独立结构也可用一层层石头堆砌而成，若想打造牢固、安全、不会倒塌的建筑，须格外用心。竣工后，这些建筑可能会伫立百年。墙体能为庭院增色不少，不仅具有美学价值，也有实用价值。

修筑墙体

设计与规划

确定砌墙的位置。想要干砌墙，还是用砂浆砌筑？想要一堵简易矮墙（如庭院角落那种三层石头的），还是某种需要扎实地基的复杂独立结构？

墙体的高度、形态和修筑方式确定之后，拿好纸笔坐下来，算出需要多少石料、砂子和水泥。

修筑

用卷尺、小木桩和绳子标记地基沟槽的形状。挖出沟槽，一半填上硬底层，然后覆盖混凝土。取出砌筑前两三层的石头，不用砂浆，试着摆出来看看效果。接着用湿泥（见第44页"干砌石墙"）或砂浆铺砌石头。

这堵干砌石墙位于威尔士，以板岩块砌成。建筑师精心挑选石头，摆放得十分用心，组成了迷人的图案。

汲取灵感

综合各种建材，内嵌花架，为盆栽植物打造美丽的背景墙。

这堵石墙有装饰压顶（顶层材料），当作庭院围墙十分合适。

墙体上向外伸出的大石板有了妙用，可以充当座椅。

砌筑容器

容器可以用现成的完整石头凿成。能有幸直接找到这种天然空心石的人可不多，但你可以用人造凝灰岩自己做一个（见第 32 页"日式水盆景观石"）。

设计与规划

先确定容器的形状、高度和结构。考虑是否需要混凝土板地基、硬底层地基或硬底层上浇混凝土的地基，然后用卷尺、小木桩和绳子在地面标记出地基形状。

砌筑

地基打好后，取出砌筑前两三层的石料，先不用砂浆，试着摆出来，边角处尽可能选用最好的石头。铺砂浆，砌好一层层石头。

砌筑立柱和基座

设计、规划与砌筑

立柱和基座实为中间没有凹槽的容器，所以完全可以按照修筑容器的设计、规划和砌筑步骤进行。但须格外注意，建造时各项工程的横平竖直非常重要，由于结构体量较小，小疏漏会被无限放大，影响会更严重。切记，结构的高度和地基面积始终存在相关性。如果想修筑较高的结构（超过 1m），地基则须成比例加宽。

除了使用众多小石块堆砌之外，还可以直接搜寻现成的大石头。此处鞍形石（原为干草堆底座）成了引人注目的盆栽或饰物基座。

栽满植物的装饰性石头容器，为一片原本平淡的铺砌区域增添意趣和温暖。

有时，你的院落只是缺一处醒目的石头建筑。

双层盆栽基座也可用作挡土墙。

岩石庭院和其他石砌景观

岩石庭院师法自然。其他庭院石砌景观常用于突显对比，乃至表达象征意义，以球体、圆锥体或日式石灯形象等出现。

看看自然界、画作以及建筑物中的石头，然后根据观察结果画出自己的创意。

修筑岩石庭院

一处引人注目的岩石跌水景观。大块岩石模仿自然界多岩石的斜坡（如果你不想用大块岩石，可参考第 24 页"传统岩石庭院"，用一层层薄薄的石头替代）。

设计与规划

回忆一下你去过的海滩和山区，你就会明白什么样的岩石庭院看起来比较自然。用卷尺、小木桩和绳子在地上标记出岩石庭院的形状。切记，如果你需要使用巨石，就得想办法把它们运到施工现场。相比之下，将一组小岩石堆砌成地表的岩层模样更容易，搬运相对轻松。

修筑

将场地中的杂草清理干净，铺上页岩、硬底层或卵石。分组或成堆叠放岩石，使其呈一定角度后倾。在场地上开辟多片土壤肥沃的小空间，栽种岩生植物。用所选的砂砾、豆砾石或碎贝壳覆盖岩石和泥土的大部分区域。

汲取灵感

迷你岩石景观能够自然地融入任何一座小庭院。

用大岩石围住充满野趣的植物，看起来很像露出地表的天然岩层。

地面覆以石头、植物和岩石，模仿河流与河堤景观。

获奖的日式庭院设计（1995 年英格兰汉普顿宫花展金牌得主）。一条石头"河"从质朴的石桥下流过，周围饰以别具特色的小块石头——巧妙的微缩景观。

日式庭院造景

设计与修筑

在日本，石头造景使用少量石材融合自然景观，具有象征意义，用于造景的每块石头都需要精挑细选。打造自己的独特庭院时，如有可能，试试采用披着青苔地衣、饱经风霜的石头，为景观注入微妙的色彩、形状和特色。

雕塑和搜寻来的小物件

设计与修筑

使用石雕和搜寻来的小物件非常巧妙，它们能让你跟着直觉走，打造独一无二的庭院。如果你喜欢石头青蛙或小矮人，或有收藏卵石的爱好，那你的特色岩石庭院就已经成功了一半。空出一个角落——比如，一片用石头围出来的区域，然后只需摆出你的雕塑和搜寻来的各种小玩意即可。

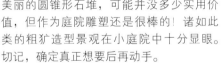

美丽的圆锥形石堆，可能并没多少实用价值，但作为庭院雕塑还是很棒的！诸如此类的粗犷造型景观在小庭院中十分显眼。切记，确定真正想要后再动手。

传统日式庭院中的惊鹿——竹管流水，注入石盆。

在荒芜的背景中，铺就一条简简单单的小径，美得触动人心。

用不规则石头拼出一条"小河"，样式迷人，施工简单。

第二部分

庭院小计划

传统岩石庭院

如果院中恰有露出地表的天然岩层，那么这十分幸运，可以栽种美丽的帚石南、高山植物和地衣。你也可以自己修筑一座千沟万壑的岩石庭院。这个小计划很有意思，我们将用便于操作的小石头打造一座岩石庭院，用车运输材料毫不费力。

构思设计

要是可以挥舞魔杖直接在院中变出一整片引人注目的岩石就好了。然而，造价、体力挑战以及搬运整块大石头的麻烦，让许多人对于岩石庭院望而却步。其实，用容易搬运的小块岩石修筑岩石园要容易得多，我们设计时就是以此为出发点的。

堆叠一层层岩石就像堆叠一片片面包一样，模仿露出地表的岩石。观察一组组石头是怎样排成阶梯状的，两排阶梯均以一定角度后仰抬起。在岩石庭院边缘立一圈石头作为边界。

准备工作

漫步庭院中，看看哪块区域适合修筑岩石庭院。微倾的斜坡较为理想，排水性良好，也没有树木遮蔽。最好选择一片日照充足的空间，许多岩生植物都喜光照。

外形尺寸和整体注意事项

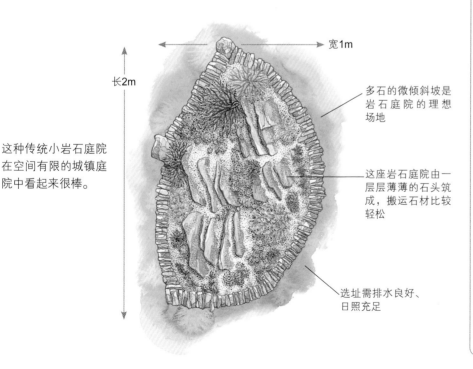

宽1m

长2m

多石的微倾斜坡是岩石庭院的理想场地

这座岩石庭院由一层层薄薄的石头筑成，搬运石材比较轻松

选址需排水良好、日照充足

这种传统小岩石庭院在空间有限的城镇庭院中看起来很棒。

你需要准备

工具

- 卷尺
- 小木桩和绳子
- 铁锹、长柄园艺叉、耙子、长柄铲
- 手推车和水桶
- 砌砖锤

材料

长2m、宽1m的岩石庭院

- 约克石：约3m²劈开的砂岩，在可搬运的情况下，越大越好（堆叠成岩层）
- 约克石：约2m²劈开的砂岩，不规则小块（用于岩石庭院砌边）
- 卵石：300kg筛净的大颗卵石
- 豆砾石：100kg筛净的砾石，搭配合适的颜色
- 种植土：1份（50kg）表土，1份（50kg）细砾、砾石或碎岩屑，1份（50kg）腐叶土
- 岩生植物（如欧石南属、景天属、庭荠属、南庭荠属、风铃草属、卷耳属、飞蓬属、报春花属、肥皂草属、长生草属、虎耳草属植物和百里香；小型水仙、番红花属、仙客来属、雪百合属、蓝壶花属、雪滴花属、铃兰属等球根植物）

传统岩石庭院剖视图

岩生植物

豆砾石
在岩石庭院中大面积铺撒豆砾石

堆叠岩石
大块砂岩侧边着地立起铺设，保持同一倾角

小片土壤
填满种植土（用于栽种植物）

砌出边界
立起劈好的小片砂岩，嵌入庭院边缘，作为边缘压顶，围出岩石庭院的边界，突显整体形状

利用废弃石料，让石头呈一定角度堆叠

铺一层卵石和砾石，厚50~100mm，提高岩石庭院土壤排水性

底层土中的杂草和树根需要清理干净

打造一座传统岩石庭院

1 标记范围

测量，划出岩石庭院范围，移除草皮，清除杂草，在庭院边缘立起石头，用石头简略砌边，围出整体形状。挖土，在其中加入少量卵石和豆砾石增强排水性。

2 覆盖卵石

将卵石和豆砾石在整个场地耙开，约50～100mm深。将这一层石头用脚踏进土壤，直至整片区域踩实。

3 堆叠石头

将劈开的砂岩挨个堆叠起来，三四块为一组。错开石头前缘，使其相互叠搭，保持外观自然。

4 稳定石头

用废弃石料垫起石堆，使其整体保持同一角度后倾。在石堆下填塞更多卵石，保证稳固，同时用脚踏实。

5 补充土壤

用耙子将种植土铺在整片区域，同时在石头之下也铺设土壤。寻找看起来自然的栽种区域，确保这些位置的土层足够厚实。

6 种植

采购合适的岩生植物。栽种前，花点时间考虑效果最佳的组合方案。栽种植物并浇水，随后定期浇水，直到生根。

凯尔特绳结小径

难度系数：★
初级

所需时间
两个周末
两天铺设混凝土，两天铺设石板、修饰完善

如果你喜欢鲜明的色彩和凯尔特意象，那一定会爱上这种小径。它美观、结实、形状规则、经久耐用。人造的约克石板和赤陶色路缘（皆以混凝土制成）保证地表坚实防滑。这种小径有三种基本构成元素：普通石板、带状凯尔特绳结铺路石、正方形凯尔特绳结边角铺路石（位于图案正中）。

构思设计

这种图案是由一系列图案单元的重复而组成的，每个单元含两块普通石板，周围有三道带状纹饰、一块正方形边角铺路石。整条小径宽1.074m。根据带状铺路石的长度，石板周围皆可留出约6mm的间隙。

准备工作

确定小径长度。将总长度除以612mm，算出需要多少个图案单元，然后将不同元素乘以各自单元中所含的块数，得出所需材料总量。

外形尺寸和整体注意事项

长612mm

宽1.074m

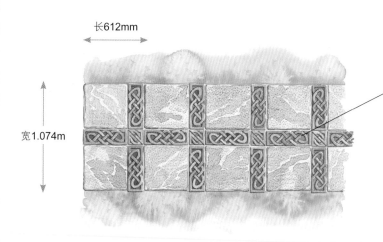

你可以根据自己的需求修改这种设计（带状纹饰也可置于小径某一侧，不必放在中间）

这种色彩鲜明的小径适用于各类庭院，无论是极简主义的现代空间，还是传统的村舍场景。不过，该设计仅适用于路线笔直的小径。

你需要准备

工具

- 卷尺和直尺
- 小木桩和绳子
- 铁锹、长柄园艺叉、长柄铲
- 手推车和水桶
- 横切锯
- 羊角锤
- 砌砖锤
- 长柄锤
- 捣固梁：约1.5m长、60mm宽、30mm厚
- 砌砖刀
- 水平尺
- 橡皮锤
- 抹子
- 软毛刷

材料

一段宽1.074m、长612mm的小径（一个图案单元）

- 人造约克石铺路板：2块，边长450mm的正方形石板
- 赤陶色带状凯尔特绳结铺路石：3块，长462mm、宽150mm、厚38mm
- 赤陶色正方形凯尔特绳结边角铺路石：1块，150mm²、厚38mm
- 松木板：长度视小径总长度而定，宽150mm、厚20mm（用作模板）
- 松木条：长度视小径宽度而定，宽30mm、厚20mm（用作胀缝板、捣固梁和模板木桩）
- 硬底层：两手推车
- 混凝土：1份（14kg）水泥，3份（42kg）石砟
- 砂浆：1份（10kg）水泥，2份（20kg）细砂
- 钉子：1kg，38mm长的钉子

凯尔特绳结小径剖视图

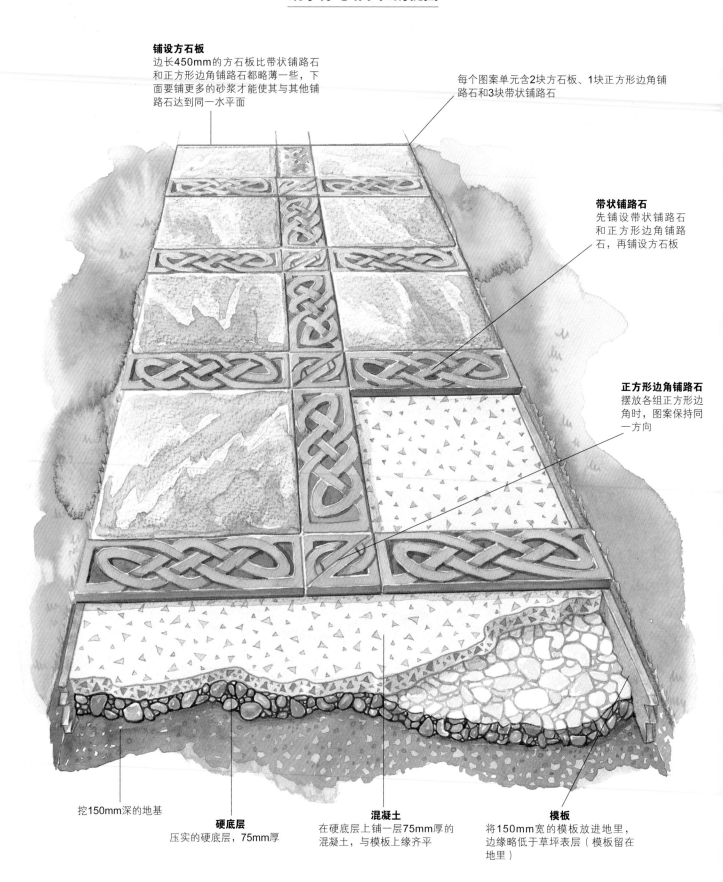

铺设方石板
边长450mm的方石板比带状铺路石和正方形边角铺路石都略薄一些，下面要铺更多的砂浆才能使其与其他铺路石达到同一水平面

每个图案单元含2块方石板、1块正方形边角铺路石和3块带状铺路石

带状铺路石
先铺设带状铺路石和正方形边角铺路石，再铺设方石板

正方形边角铺路石
摆放各组正方形边角时，图案保持同一方向

挖150mm深的地基

硬底层
压实的硬底层，75mm厚

混凝土
在硬底层上铺一层75mm厚的混凝土，与模板上缘齐平

模板
将150mm宽的模板放进地里，边缘略低于草坪表层（模板留在地里）

修筑一条凯尔特绳结小径

1 搭建模板

标记小径区域，宽1.074m。挖150mm深的地基。将模板放进路槽，用羊角锤、钉子和木桩固定。在小径上铺设75mm厚的硬底层并压实。

2 浇筑混凝土

横跨小径，每隔2～3m设一根胀缝板，为混凝土膨胀预留空间。混制浓稠的混凝土，铲到硬底层上，用捣固梁压实，与模板上缘齐平。

3 设定参照物

在小径一侧拉绳子作参照。紧挨绳子摆放带状铺路石，再从路缘向内测量出462mm的位置，拉一根绳子作为小径中间边角方块的参照物。

4 铺设带状铺路石

混制黄油般的硬稠砂浆，在路中央铺设带状铺路石和正方形边角铺路石。用水平尺和橡皮锤检查调整，确保齐平。

5 铺设方石板

将每块约克石方石板铺设在五团圆形面包状的砂浆团上。铺设时注意，要与带状铺路石齐平。确保接缝处宽度均为6mm。

6 勾缝

最后，混制少量干燥疏松砂浆，用刷子和抹子填入接缝。晾四个小时左右，然后将小径上剩余的砂浆刷走。

日式水盆景观石

难度系数：★
初级

所需时长
一个周末
一天塑造石盆，一天用于石头和卵石布景

传统日式庭院充分利用石头承担装饰或象征功能。天然形成的大块水盆景观石就是其中之一。我们的水盆景观石制作计划在日式传统的基础上融入了英式工艺，混合苔藓、砂子和水泥制成的人造凝灰岩仿制石头容器。如果你喜欢东西结合，试试这个小计划吧，为你的庭院增添一丝宁静气息。

外形尺寸和整体注意事项

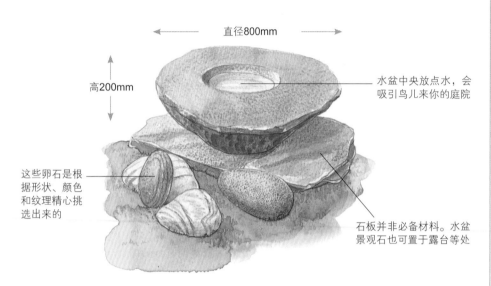

直径800mm

高200mm

水盆中央放点水，会吸引鸟儿来你的庭院

这些卵石是根据形状、颜色和纹理精心挑选出来的

石板并非必备材料。水盆景观石也可置于露台等处

水盆景观石在略带野趣的背景中看起来很棒，在散发着现代气息的庭院和院落也非常适合。这是日式庭院的传统景观，有助于放松身心。

你需要准备

工具

- 工作板：1m²
- 手推车
- 长柄铲
- 水桶
- 砌砖刀
- 卷尺和水平尺
- 铁丝钳
- 画刷

材料

直径800mm、高200mm的水盆景观石

- 人造凝灰岩混合物：
  1份（25kg）水泥，
  1份（25kg）尖角粗砂，
  2份（50kg）泥炭藓
- 碗：金属或塑料碗，边缘直径300mm、底座直径170mm、高100mm
- 一块洗碗皂
- 铁丝网：约400mm²，网眼25mm
- 砂浆：1份（2kg）水泥，3份（6kg）细砂
- 树脂防水涂料：约4杯
- 用于装饰的卵石

构思设计

这是书中最简单的小计划之一——只需将人造凝灰岩混合物覆盖在倒扣的碗上、做出模制石头水盆即可，简单地忙活一段时间，水盆景观石就做出来了。然而，尽管制作简单，效果却不同凡响，一旦将水盆和一两种标本石组合在一起，置于精心挑选的庭院植物背景中，它会自成一景——庭院静谧的一隅就很合适。在日式庭院中，水盆景观石象征自然界清新和净化的意象，如叶片上的露珠和岩缝中的流水。

这块水盆景观石约800mm宽、200mm高，凹槽和纹理丰富的侧面与平滑的顶层表面相映成趣。

准备工作

先找一个边缘宽于底座的平滑塑料碗或金属碗。我们用了从二手店买来的不锈钢碗，边缘直径300mm、底座直径170mm、高100mm。

日式水盆景观石制作横截面图（石头倒置）

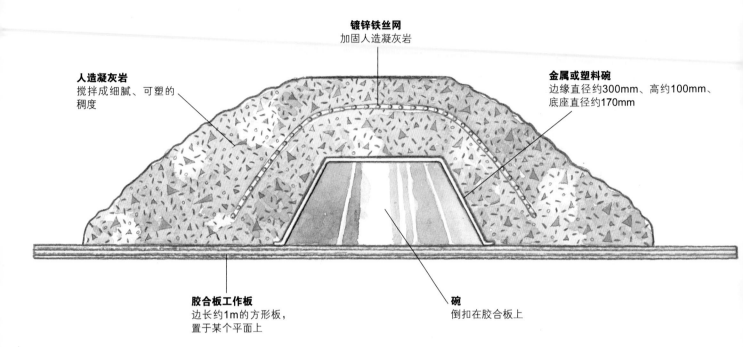

镀锌铁丝网
加固人造凝灰岩

人造凝灰岩
搅拌成细腻、可塑的
稠度

金属或塑料碗
边缘直径约300mm、高约100mm、
底座直径约170mm

胶合板工作板
边长约1m的方形板，
置于某个平面上

碗
倒扣在胶合板上

日式水盆景观石剖视图

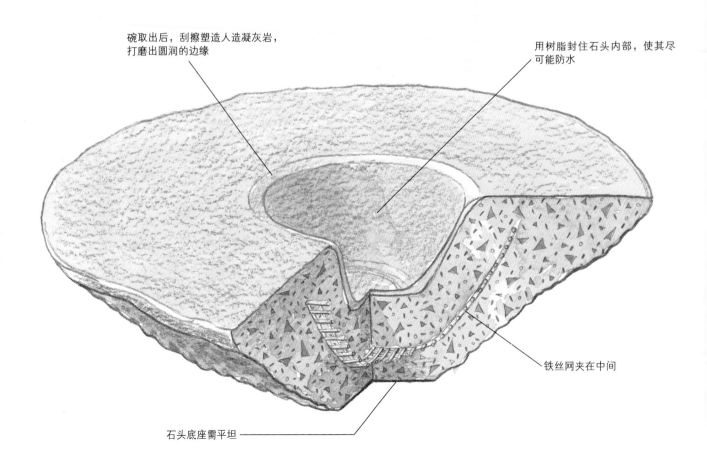

碗取出后，刮擦塑造人造凝灰岩，
打磨出圆润的边缘

用树脂封住石头内部，使其尽
可能防水

铁丝网夹在中间

石头底座需平坦

亲手制作日式水盆景观石

1 混合人造凝灰岩

用少量水和大量肥皂擦拭碗的外部，直到表面变滑。把碗倒扣在工作板上，用水混合人造凝灰岩原料，使其形成细腻的质地，并在碗上铺一层。

2 夹入铁丝网

塑好一层约 70mm 厚的人造凝灰岩后，将铁丝网剪成合适的大小，铺在土丘上并按下去。所有网格都要按下去，必须使铁丝网与人造凝灰岩紧紧贴住。

3 塑成土丘

继续铺人造凝灰岩，直到铁丝网彻底被覆盖住。我们的目标是：塑造一个形状不规则、边缘最宽处直径为800mm 的土丘。沿着边缘，用抹子将土堆抹平滑。

4 塑造表面纹理

抹平土丘顶部，这样翻过来以后水盆就能坐稳。用手指揉捏侧面，塑造纹理，让它看起来饱经风霜。

5 刷防水涂料

等人造凝灰岩晾干后，把土丘翻过来，取出碗。在凹槽里擦砂浆。晾干后，在砂浆上刷一层树脂防水涂料。

6 摆放水盆景观石

继续刮擦，塑造人造凝灰岩表面纹理，让它看起来饱经风霜。最后将景观石平放在所选的石板上，装满水，铺卵石、栽种植物装点。

传统英式自由拼铺

难度系数：★
初级

如果你想建一座露台，却不想使用千篇一律的方块铺路板或镶嵌砌块，传统英式自由拼铺就是你最好的解决方案。它铺设简单，非常实用，变化微妙的图案看起来很棒。尽管这种风格被称为"传统英式"风格，但用的石板却是非常现代的人造石材。图中露台面积有3m²，足以摆放一套桌椅或几把躺椅。

所需时长
一个周末
一天用于搭建模板，一天铺设混凝土和石板

构思设计

将这一设计画在300mm²的网格上。这种露台以三种尺寸不同的人造约克石板拼铺而成：12块大方石板，18块面积为大石板二分之一的矩形石板，16块面积为大石板四分之一的小方石板。不过，要是你乐意，也可以改变图案的焦点，变换大小方块组合比例或改变露台尺寸。

我们的地面坚固干燥又硬实，模板搭好后，直接用混凝土浇筑框架、再铺设石板就完工了。但如果你的庭院土地湿软，在铺设混凝土前要加一层100mm厚的硬底层。

准备工作

对场地进行规划后，在边长300mm的方形网格上画出设计图。如果你想以我们的设计图为基础，调整三种石板的尺寸和比例，做出不同的图案，那就大胆设计吧，算出不同类型的石板所需数量。

你需要准备

工具

- 卷尺和直尺
- 小木桩和绳子
- 横切锯
- 水平尺
- 羊角锤
- 铁锹、长柄园艺叉和长柄铲
- 手推车和水桶
- 捣固梁：约1.6m长、60mm宽、30mm厚
- 砌砖锤
- 软毛刷
- 抹子

材料

边长3m的方形露台

- 人造约克石铺路板：
  12块，600mm×600mm；
  18块，600mm×300mm；
  16块，300mm×300mm
- 松木：5块木板，长3m、宽150mm、厚20mm（用作模板）
- 松木：20根木条，长300mm、宽30mm、厚20mm（用作模板木桩）
- 旧木板，用于铺踏板
- 混凝土：1份（200kg）水泥，5份（1000kg）石砟
- 砂浆：1份（20kg）水泥，3份（60kg）细砂
- 钉子：1kg，38mm长的钉子

外形尺寸和整体注意事项

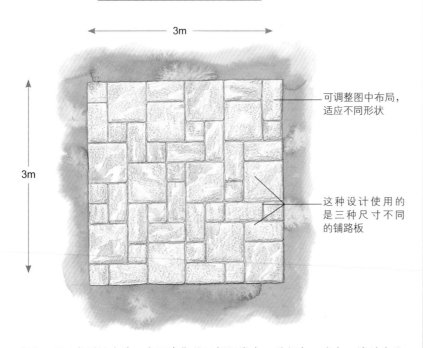

3m

3m

可调整图中布局，适应不同形状

这种设计使用的是三种尺寸不同的铺路板

这种露台可以融入不同类型的庭院。市面出售的石板通常有三种颜色：米色、浅沙色和石板灰——单色或混用都可以。

传统英式自由拼铺剖视图

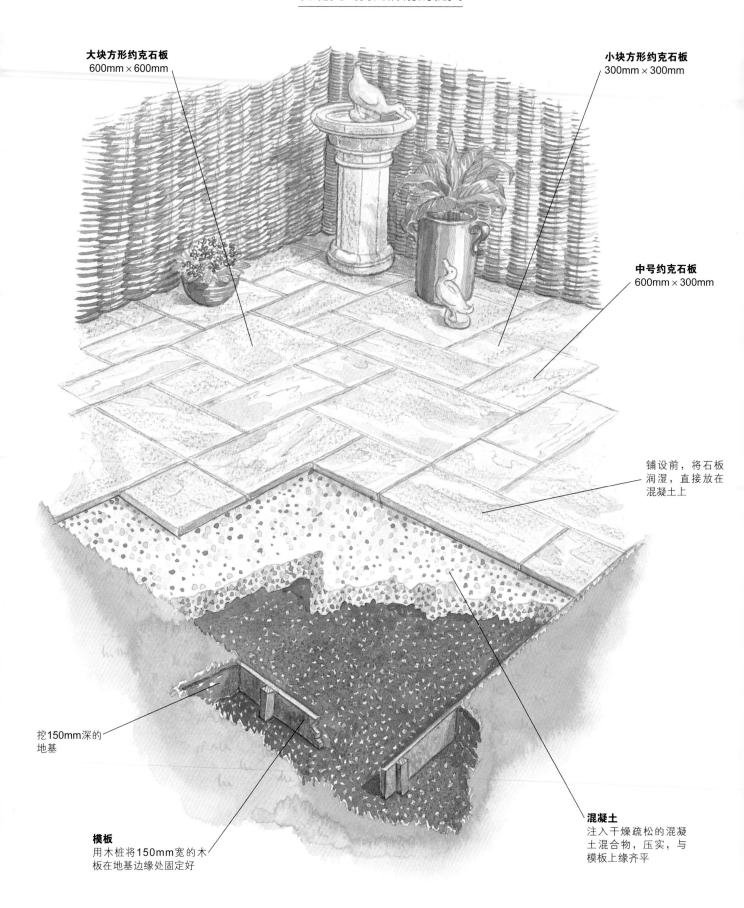

大块方形约克石板
600mm × 600mm

小块方形约克石板
300mm × 300mm

中号约克石板
600mm × 300mm

铺设前，将石板
润湿，直接放在
混凝土上

挖150mm深的
地基

模板
用木桩将150mm宽的木
板在地基边缘处固定好

混凝土
注入干燥疏松的混凝
土混合物，压实，与
模板上缘齐平

传统英式自由拼铺

1 搭建模板

测量围出场地，放好模板——四边各一块，中间一块。让所有模板保持齐平，然后调整，使其整体从场地一侧向另一侧微倾（用于排水）。

2 铺混凝土

用木桩和钉子固定模板。混制干燥疏松的混凝土，铺在露台底部。用捣固梁将混凝土刮平，与模板上缘齐平。

3 铺设石板

润湿石板背面，小心地依次摆在混凝土上，用砌砖锤的手柄轻轻拍平。

4 保护石板

如需在石板上行走，铺一层踏板，这样踩下去，石板受力均匀，不会因为受重不均而翘起或不平。除了铺石板，其他时候都要站在踏板上。

5 勾缝

等混凝土硬化，混制干燥疏松的砂浆，用刷子均匀地扫进石板之间。最后，用抹子将砂浆表面抹平滑，并刷除多余砂浆。

蜿蜒小径

如果你想在庭院中修筑一条激动人心、富于动感的蜿蜒小径，这个小计划就是你的完美解决方案。采用该设计方案，可在动工期间随时调整小径的具体形状和走向。这条小径从头到尾都采用灰色石板，但你也可以选用其他颜色，甚至可以混用不同颜色。

外形尺寸和整体注意事项

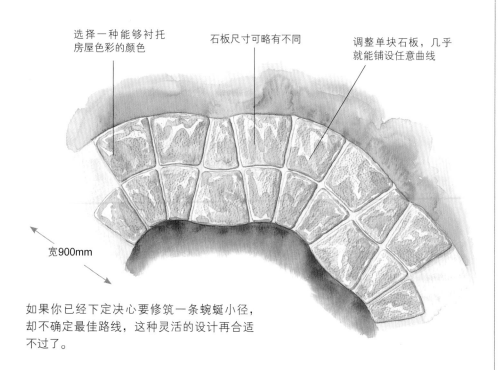

选择一种能够衬托房屋色彩的颜色

石板尺寸可略有不同

调整单块石板，几乎就能铺设任意曲线

宽900mm

如果你已经下定决心要修筑一条蜿蜒小径，却不确定最佳路线，这种灵活的设计再合适不过了。

你需要准备

工具

- 卷尺和粉笔
- 铁锹、长柄园艺叉和长柄铲
- 手推车和水桶
- 耙子和硬毛扫帚
- 长柄锤
- 砌砖刀
- 捣固梁：约1.5m长、60mm宽、30mm厚
- 砌砖锤

材料

长4m、宽900mm的小径

- 内层铺路板（人造石材）：12块，直边450mm
- 外围铺路板（人造石材）：12块，直边450mm
- 尖角粗砂：约400kg
- 细砾：约300kg
- 砂浆：1份（25kg）水泥，2份（50kg）细砂

构思设计

这条小径由环形露台组合套装的内层和外围石板筑成。石板两两一组铺设，相互契合，在此过程中，交替颠倒石板组合方向，形成曲线。

直线路段，交替颠倒每组石板即可；曲线转角处，也只需用一组组扇面状石板拼接出弧线。石板的形状让小径得以轻松转弯，也能绕开庭院中凹凸不平的地方。每组内层石板和外围石板的直边均为450mm，二者组合，筑成宽度约为900mm的小径。下列给出的是每4m小径所需的建材，可以按需调整。

准备工作

取三四组配好对的石板铺在草地上。尝试摆出不同的组合，斟酌如何在规划的路径上组合出不同的弧度，调节小径方向。

蜿蜒小径剖视图

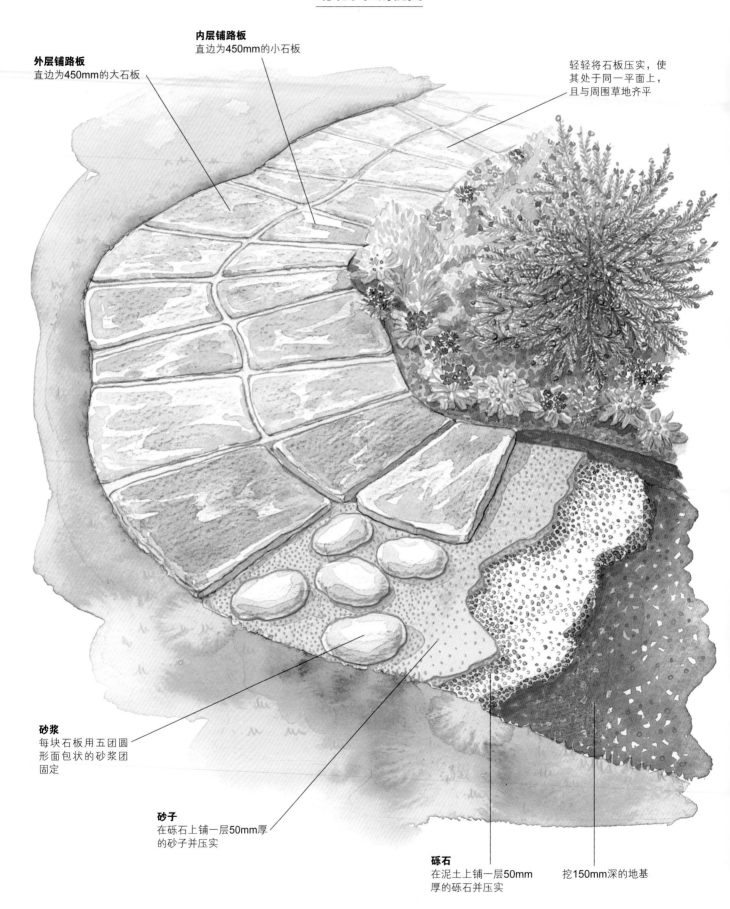

内层铺路板
直边为450mm的小石板

外层铺路板
直边为450mm的大石板

轻轻将石板压实，使
其处于同一平面上，
且与周围草地齐平

砂浆
每块石板用五团圆
形面包状的砂浆团
固定

砂子
在砾石上铺一层50mm厚
的砂子并压实

砾石
在泥土上铺一层50mm
厚的砾石并压实

挖150mm深的地基

修筑一条蜿蜒小径

1 试摆石板

将配对的内层和外围石板组合好摆在地上。速写出组合的效果图。如有需要，可用粉笔为每块石板标注序号。用铁锹沿着摆好的石板边缘切下去，然后把石板移到一边。

2 挖土

挖出草皮（也许能为它们找到其他用武之地）。将表土切成方便移动的方块挖出来（约150mm深），用铁锹、长柄园艺叉和手推车将挖出的土从施工现场移走。

3 打地基

在泥土表面铺一层50mm厚的砾石耙开，再用长柄锤压实。将砂子铲到砾石上铺开，也是50mm厚。

4 铺设石板

润湿石板。将每块石板放在五大团砂浆上，用捣固梁和砌砖锤轻拍，使其与小径周围的草地齐平。

5 勾缝

砂浆变硬后（晾两三个小时），将剩下的砂子扫入石板周围的接缝处。之后几天，重复该过程，直到接缝处坚实。

干砌石墙

难度系数：★★
中级

**所需时长
每4m墙体需要用
一个周末**
半天挖掘墙
基，其余时间砌墙

几千年来，干砌石墙的修筑技法一直在演变发展。无需混凝土地基或复杂的设计规划，只要有条不紊地研究散石的拼砌组合方式，动手砌筑即可。如果你需要为现在的庭院加一道矮墙，也可以找到很棒的石头，这个小计划一定其乐无穷。

构思设计

这堵墙有三层高，外加一层压顶的石头，完全是用回收石料砌筑的。我们用大块粗石作为矮墙的主体厚石头层，两层之间砌入薄薄的屋面石瓦，压顶用的是方石块。完成这一项目最经济实惠的办法是：找到什么石头就用什么石头，同时对砌筑手法作出相应调整。

干砌墙简单直接，但也需要我们全神贯注、手眼协调。首先，挖一道沟槽，在其中铺设硬底层。压实硬底层，作为墙基。铺砌第一层：先砌好厚厚的主体层，顶部再砌薄薄的石层，实现整体齐平。将泥土耙到墙后，接着砌第二层。

在修筑过程中，需不时目测，检查每层在水平方向上是否平齐，墙体应向后面的土体微倾。每隔半米左右，需用一块较长的石头嵌入土体加固。

准备工作

算出你想砌的墙体有多长，然后除以 4m，再乘以不同材料每 4m 所需的数量，之后订购石材。如能找到有一道直边、两面光滑的石材最为理想。

你需要准备

工具

- 卷尺和直尺
- 小木桩和绳子
- 铁锹、长柄园艺叉和长柄铲
- 手推车和水桶
- 长柄锤
- 砌砖锤
- 砌砖刀
- 石工锤
- 砖工凿
- 旧地毯：300mm×600mm

材料

长4m、高550mm的墙

- 回收的粗石：0.5m³（墙体和压顶石）
- 回收的屋面石瓦：一手推车
- 硬底层（材料）：12桶

外形尺寸和整体注意事项

长4m

高550mm

如果你想修筑一个挡土墙花台，这再适合不过了。墙体的长度和高度皆可按需调整。

干砌石墙剖视图

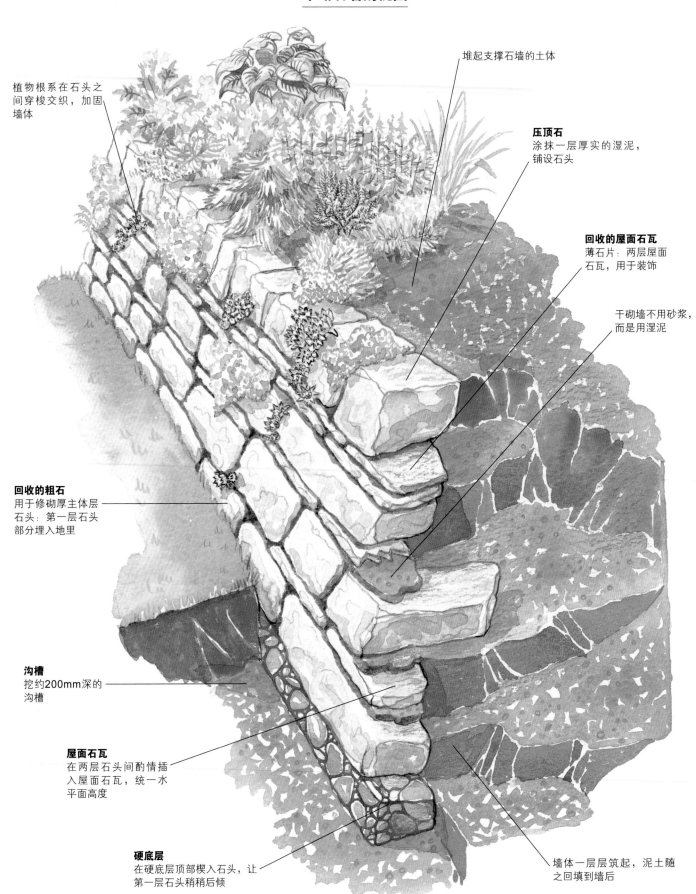

植物根系在石头之间穿梭交织，加固墙体

堆起支撑石墙的土体

压顶石
涂抹一层厚实的湿泥，铺设石头

回收的屋面石瓦
薄石片：两层屋面石瓦，用于装饰

干砌墙不用砂浆，而是用湿泥

回收的粗石
用于修砌厚主体层石头：第一层石头部分埋入地里

沟槽
挖约200mm深的沟槽

屋面石瓦
在两层石头间酌情插入屋面石瓦，统一水平面高度

硬底层
在硬底层顶部楔入石头，让第一层石头稍稍后倾

墙体一层层筑起，泥土随之回填到墙后

修筑干砌石墙

1 挖沟槽

挖土至地平面,堆成墙后土体。挖一段宽300mm、深200mm的沟槽,填入一半深的硬底层压实。

2 拌湿泥

用一桶左右的表土,加水搅拌,直至混出砂浆的稠度——这种混合物被称作湿泥,此处替代砂浆(须清除其中的大石块)。

3 铺设第一层

在平整的硬底层上铺第一层石头,将楔子或小块屋面石瓦楔入下方,使这层呈一定角度微微后倾。将土体的泥土耙下来,回填到这层石头后面。用砌砖锤压实泥土。

4 整平第一层

砌屋面石瓦,让第一层等高。铲一层厚厚的湿泥,抹在这层石头顶上(如有必要,用石工锤修整塑形)。将较长的石块嵌入土堆,进一步加固支撑。

5 砌筑后面两层

如有必要,将石头放在一块旧地毯上,用砌砖锤和砖工凿切割修整。将湿泥铲进缝隙,把横七竖八的石头轻轻拍齐。将小片废弃石料敲进湿泥中,调整单块石头。

6 铺设压顶石

继续砌墙,直到三层高。将一层湿泥铺在顶层石头上,然后铺设压顶石块。

日式岩石庭院

难度系数：★★
中级

**所需时长
一个周末**
一天用于选择
石料，一天砌岩石
庭院

传统日式庭院中常常设一座桥，代表我们的人生历程。这座受日式枯山水启发的岩石庭院有一座踏脚石小桥、一个象征指明灯的日式石灯以及代表水面的紫红色板岩碎屑。如果你想打造一座富于哲理寓意的新颖岩石庭院，这个小计划很值得提上议程。

外形尺寸和整体注意事项

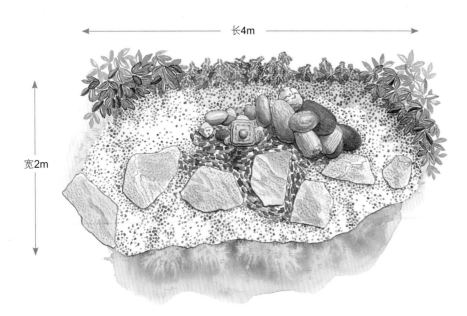

长4m

宽2m

修筑这座岩石庭院，只须摆出好看的石头，亲手砌出作为主要景观的石灯即可，它适用于各种现代庭院。你也可以调整岩石庭院的大小，适应较小的空间。要是你想直接购买现成的石灯放进去，也没问题。

构思设计

这座岩石庭院约4m长、2m宽。园中以板岩暗示急湍，小颗豆砾石代表水岸，大块砂岩石板组成石桥，岩石象征高山，比喻人生中的障碍，石灯寓意为光明、希望和指引。

你可以任选自己喜欢的石头用作踏脚石和"水面"，但石灯需要采用特定形状和大小的石材。石灯的灯柱高400mm、长150mm、宽150mm，100mm埋入地里。灯柱之上的底座200mm²，顶部灯罩150mm²。

准备工作

带上铅笔、卷尺和笔记本去石料加工厂，仔细斟酌可供选择的石材。选出适合不同部分的石材，在地上试着摆出来，看看效果如何。

你需要准备

工具

- 卷尺、刀和直尺
- 小木桩和绳子
- 铁锹、长柄园艺叉、长柄铲、手推车、水桶、抹子、水平尺

材料

长4m、宽2m的岩石庭院

- 饱经风霜的回收料石：高400mm、长宽均为150mm（用作灯柱）
- 饱经风霜的回收料石板：长宽均为200mm，厚50～60mm（用作灯柱之上的底座）
- 砂岩：20块，直径约50mm（用作小立柱）
- 饱经风霜的回收料石板：长宽均为150mm、厚50～60mm（用作灯罩）
- 大颗造景石：直径约80mm（尖顶饰卵石）
- 劈开的砂岩：七八片大石板，约300～400mm宽（踏脚石）
- 大圆石：约6块，直径150～400mm不等，搭配合适的纹理和色彩（"高山"）
- 饱经风霜的板岩：50kg，紫红色（"流水"）
- 豆砾石：150kg（"水岸"）
- 塑料编织布：4m×2m
- 砂浆：1份（2kg）水泥，1份（2kg）石灰，4份（8kg）细砂

日式岩石庭院分解图

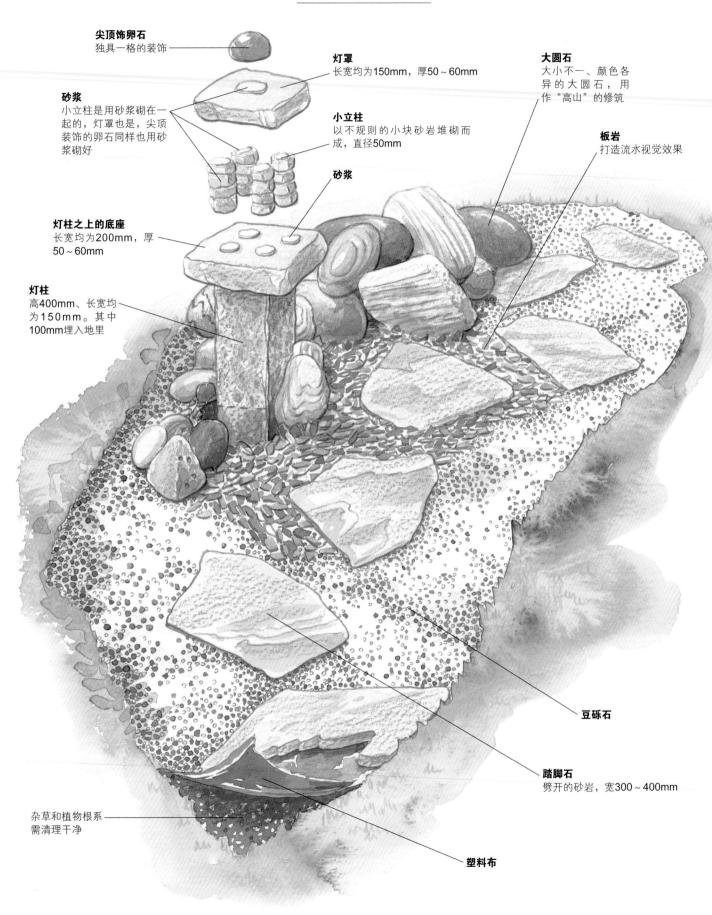

尖顶饰卵石
独具一格的装饰

砂浆
小立柱是用砂浆砌在一起的，灯罩也是，尖顶装饰的卵石同样也用砂浆砌好

灯柱之上的底座
长宽均为200mm，厚50～60mm

灯柱
高400mm、长宽均为150mm。其中100mm埋入地里

灯罩
长宽均为150mm，厚50～60mm

小立柱
以不规则的小块砂岩堆砌而成，直径50mm

砂浆

大圆石
大小不一、颜色各异的大圆石，用作"高山"的修筑

板岩
打造流水视觉效果

豆砾石

踏脚石
劈开的砂岩，宽300～400mm

杂草和植物根系
需清理干净

塑料布

打造一座日式岩石庭院

1 挖地基孔

标记场地范围，寻找最佳位置摆放灯柱。用铁锹标记出轮廓，然后移开灯柱，在该处挖洞，约 100mm 深。

2 铺塑料布

在场地上铺开塑料布，上面挖一个洞，与地面上挖好的洞对准，将灯柱笔直地插进去。翻折外缘下面的塑料布，匹配场地的形状。

3 摆放石头

排列组合岩石——用踏脚石拼出水上石桥，大圆石则为山脉。仔细斟酌石头的形状和颜色的搭配。

4 摆放板岩

将紫红色的板岩在石头周围铺开，表示水流。沿着边缘，补充豆砾石，形成水岸。留出充足时间，不时后退查看排列情况。跟随自己的设计直觉走。

5 修饰

在灯柱顶部抹砂浆，砌好底座。堆叠小块砂岩，用砂浆砌出小立柱。再用砂浆砌上灯罩并在顶端饰以卵石。最后将剩余的豆砾石铺撒在塑料布上，确保全面覆盖。

用小方石和砖块筑小径

难度系数：★★
中级

**所需时长
一个周末**
第一天铺设砂
子，第二天铺设小
方石和砖块

用小方石和砖块修筑小径有许多优点——它是很棒的人行道，表面坚实，手推车从上面压过绝对没问题，如果你想在草坪中筑一条小径，它再合适不过了。可以灵活调整砖块的方向，省去了精细规划的麻烦。最棒的是，割草机可以直接从上面推过，不会对机器造成伤害。

构思设计

我们的庭院表土坚实，石头也很多，因此只需厚厚地铺一层砂子就可以做地基。不过，倘若你家庭院的表土湿软泥泞，铺砂子前需要先铺一层砾石或硬底层。

准备工作

此处给出的材料用量是为宽 1m、长 3m 的小径准备的。研究你家庭院的草坪，规划小径路线。测量小径长度，按需调整建材数量。你需要事先想好，如何处理挖出来的草皮和表土。

首先，不用砂浆，试着摆出小方石和砖块，看看效果如何。然后移除草皮，压实泥土，铺一层砂子地基。摆好砖块，在即将铺设小方石的地方多铺一些砂子，补足因为砖块和小方石厚度不一造成的高差，然后铺设灰色人造小方石。将泥土推进砖块和小方石的间隙，撒上草籽。

你需要准备

工具

- ✔ 卷尺和直尺
- ✔ 铁锹、长柄园艺叉和长柄铲
- ✔ 手推车和水桶
- ✔ 耙子
- ✔ 长柄锤
- ✔ 砌砖刀
- ✔ 砌砖锤
- ✔ 捣固梁：约1.5m长、80mm宽、30mm厚
- ✔ 硬毛扫帚

材料

长3m、宽1m的小径

- ✔ 人造铺路小方石：112块，长宽均为80~100mm、50mm厚，炭色
- ✔ 砖块：32块，长225mm、宽112.5mm、75mm厚，搭配合适的颜色和纹理
- ✔ 砂子：约150kg
- ✔ 表土：约75kg
- ✔ 草籽：约满满9把
- ✔ 用于保护草坪的木质工作板：尺寸与数量酌情

外形尺寸和整体注意事项

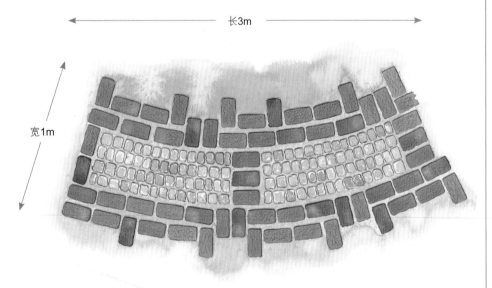

长3m

宽1m

用砖块和小方石铺筑的传统小径。这种小径在乡间庭院看起来很棒。它铺设简便，无须使用水泥，你可以不慌不忙地铺设砖块和小方石。

小方石和砖块小径剖视图

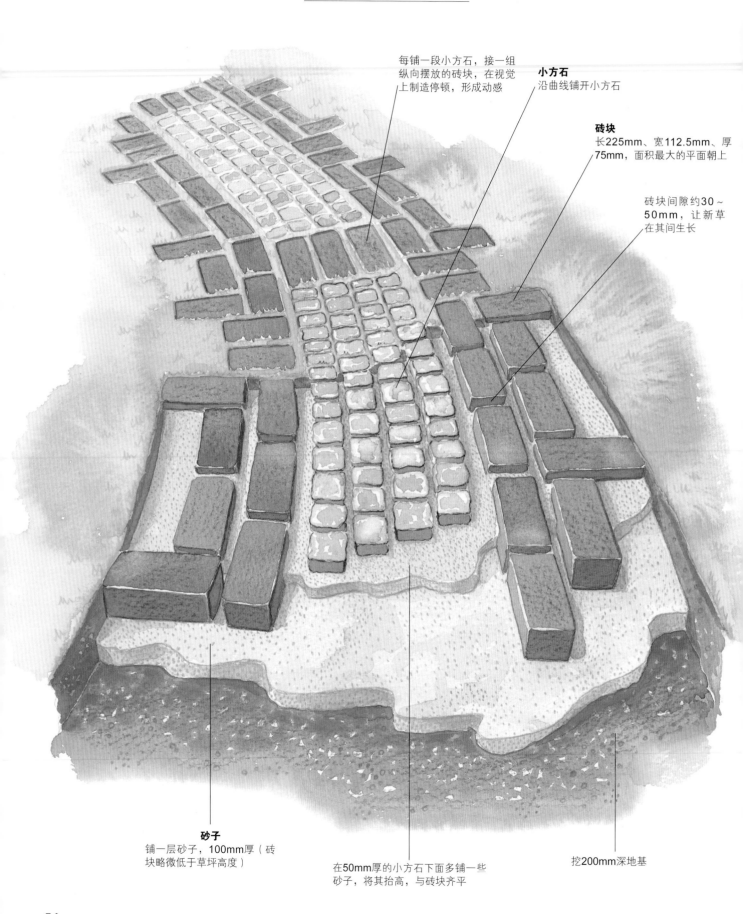

每铺一段小方石，接一组
纵向摆放的砖块，在视觉
上制造停顿，形成动感

小方石
沿曲线铺开小方石

砖块
长225mm、宽112.5mm、厚
75mm，面积最大的平面朝上

砖块间隙约30～
50mm，让新草
在其间生长

砂子
铺一层砂子，100mm厚（砖
块略微低于草坪高度）

在50mm厚的小方石下面多铺一些
砂子，将其抬高，与砖块齐平

挖200mm深地基

用小方石和砖块筑小径

1 试摆砖石

将小方石摆放在草坪上，周围排列砖块，不同构成部分的间隔均保持在30～50mm。速写整体效果，做到心中有数。

2 移除草皮

用铁锹沿着摆好的砖石组合边缘切出轮廓。移开砖石，将草皮切成便于转移的方块。用长柄园艺叉和手推车，将草皮从施工现场运走。

3 铺砂子

把泥土耙平，再用长柄锤压实。在泥土上铺一层100mm厚的砂子，耙平，使其与周围草地近乎齐平。

4 铺设石头

将小方石摆在小径中间，在两侧摆上砖块，间隙均为30～50mm。用砌砖锤和捣固梁压平砖石，并使二者整体略低于草坪。

5 修饰

在小方石下多铺了一层砂子，将其抬高至砖块和草坪所在的平面上。将表土刷进接缝处，压实、压平，间隙撒上草籽。

底座+石板=石桌

难度系数：★★
中级

所需时长
一个周末
一天浇筑地基
混凝土板，一天砌
筑石桌

这张石桌美好而简单。只需将一块石板固定在低矮的底座上就可以了，这是东方造园的传统特色。坐在这样的石桌边喝两杯或享用下午茶，多么惬意！这件简单的庭院家具十分美妙，经得住风雨，晚上也不用搬回去。这种结构也可以砌两层，作为展示台，摆放盆栽或喜爱的雕塑。

构思设计

石桌砌筑简单，在一块混凝土地基板上，将三层劈开的砂岩砌成底座，顶上铺一块大石板。底座高约300mm，桌面为650mm×600mm。

去石料加工厂采购石材，最好的办法是：用粉笔在地上画出450mm×400mm的平面图，挑选足量石头摆出三层，每块厚100mm。每层多挑一两块石头备用（这样回家后有挑选余地），其中需有12块垂直切边的石头，砌在边角处（每层四块）。选一块大石板当桌面，石板至少有一面平整。

准备工作

选择砌筑石桌的位置，把石材堆在附近。搭建模板，内围长400mm、宽450mm。在庭院中相应位置把模板放好。沿框架边缘切下去，移除草皮，挖100mm深的地基，将模板放进凹槽平置。

你需要准备

工具

- 卷尺、粉笔和水平尺
- 横切锯和羊角锤
- 铁锹和长柄铲
- 捣固梁：长600mm、宽80mm、厚50mm
- 工作板：数块厚木板和硬质纤维板，保护施工现场周围区域
- 砌砖锤和砖工凿
- 石匠锤
- 砌砖刀和抹子

材料

长650mm、宽600mm、高370mm的石桌

- 石板：1块回收的板岩/砂岩/石灰岩石板，长650mm、宽600mm、厚70mm
- 劈开的砂岩：1m² 砂岩（尺寸约为长120～250mm、宽50～150mm、厚100mm）
- 混凝土：1份（10kg）水泥，2份（20kg）尖角粗砂，3份（30kg）骨料
- 砂浆：2份（24kg）水泥，1份（12kg）石灰，9份（108kg）细砂
- 松木：1根松木条，粗锯，长2m，宽80mm，厚50mm（模板）
- 钉子：4根，100mm长的钉子

外形尺寸和整体注意事项

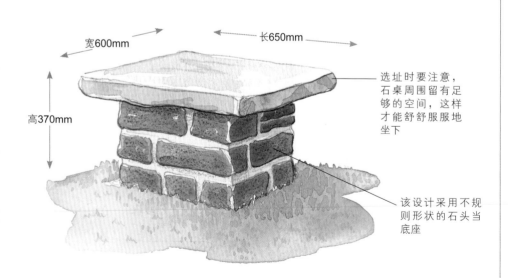

宽600mm　　长650mm

高370mm

选址时要注意，石桌周围留有足够的空间，这样才能舒舒服服地坐下

该设计采用不规则形状的石头当底座

无论庭院风格、面积大小，这款经典设计几乎都适用，也能享用一辈子。这里用的不是人造石材，而是天然石材，因此需要精挑细选、耐心摆放，才能形成赏心悦目的效果。

底座和桌面分解图

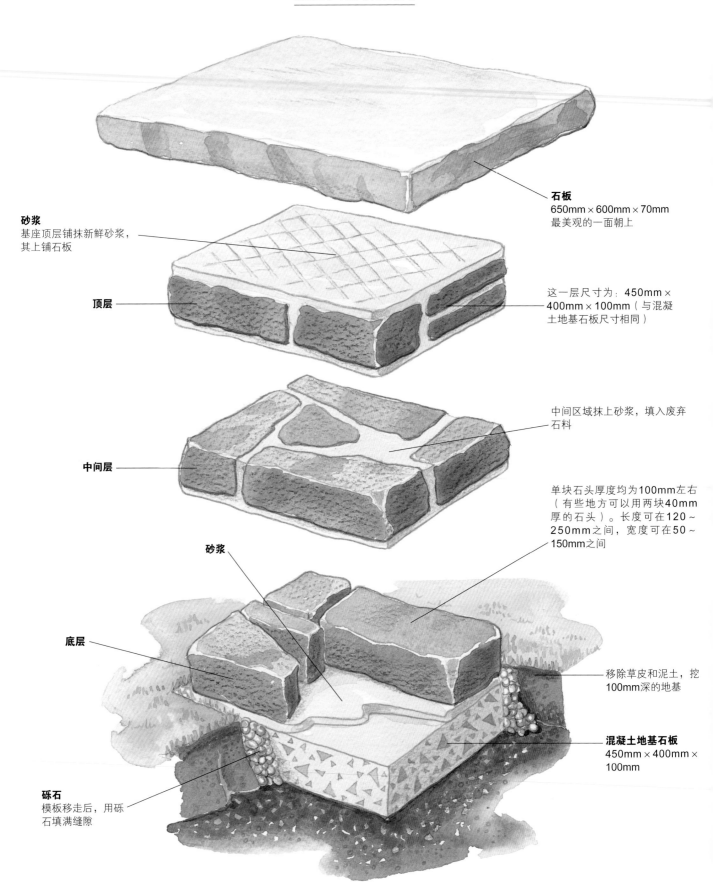

石板
650mm × 600mm × 70mm
最美观的一面朝上

砂浆
基座顶层铺抹新鲜砂浆，
其上铺石板

顶层

这一层尺寸为：450mm ×
400mm × 100mm（与混凝
土地基石板尺寸相同）

中间层

中间区域抹上砂浆，填入废弃
石料

单块石头厚度均为100mm左右
（有些地方可以用两块40mm
厚的石头）。长度可在120 ~
250mm之间，宽度可在50 ~
150mm之间

砂浆

底层

移除草皮和泥土，挖
100mm深的地基

混凝土地基石板
450mm × 400mm ×
100mm

砾石
模板移走后，用砾
石填满缝隙

58

用底座和石板砌石桌

1 浇筑地基石板

将木质模板放进凹槽，楔入石头，使其平整并用水平尺检查。在框架中注满混凝土，用捣固梁把混凝土整平，与框架上缘齐平。等混凝土变硬之后再移除模板。

2 试摆石头

用工作板保护混凝土地基周边区域。在地基上摆放石头，堆出三层所需的100mm厚的石头。确保两层之间垂直方向的接缝错开。

3 劈开石头

将石头放在草地上，砖工凿紧贴切割线，找准位置，用砌砖锤敲一下或几下。注意，这一步请戴上护目镜和手套。接着用石工锤修整石头。

4 砌筑第一层

在地基石板上铺一层厚厚的砂浆，砌第一层石头。借助砌砖锤的重量，轻轻将石头敲平整，再用水平尺检查是否齐平。

5 砌筑第二层和第三层

重复之前的步骤，砌好另外两层。在底座中间区域抹砂浆，填入废弃石料。用抹子清理各层接缝中的砂浆。

6 铺设石板

砌好平整、方正的基座后，在顶部抹一层厚厚的新鲜砂浆。润湿石板底部，找人帮忙，轻轻抬到基座上。将砾石倒入基座和草地之间的缝隙。

以大圆石压顶的矮墙

这堵矮墙简单质朴，独具魅力。无须花费很长时间做规划，只要订购一些不规则的砂岩，为每米准备一块石灰岩大圆石，就可以开工了。最具挑战性的是波浪状的压顶，但砌筑这一部分妙趣横生。这种设计的另一个好处在于：单个构件质量较轻，人人皆可尝试。

难度系数：★★
中级

所需时长
一个周末可砌筑
3m矮墙
一天砌筑基本墙体，一天压顶

外形尺寸和整体注意事项

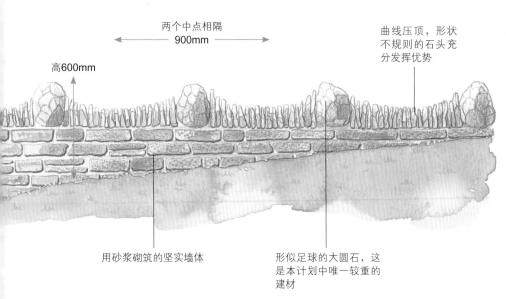

两个中点相隔
900mm

高600mm

曲线压顶，形状不规则的石头充分发挥优势

用砂浆砌筑的坚实墙体

形似足球的大圆石，这是本计划中唯一较重的建材

完工后，一段漂亮的矮墙就出现了。这种矮墙很适合打造成花台——砌好侧壁，填入一层砾石辅助排水，覆盖土壤，栽种植物，大功告成。

你需要准备

工具

- ✔ 卷尺
- ✔ 小木桩和绳子
- ✔ 铁锹、长柄园艺叉和长柄铲
- ✔ 手推车和水桶
- ✔ 长柄锤
- ✔ 砌砖刀
- ✔ 砌砖锤
- ✔ 石匠锤
- ✔ 抹子
- ✔ 旧手刷

材料

长1m、高600mm的石墙

- ✔ 砂岩：约2手推车不规则石料，大小厚度不一
- ✔ 石灰岩大圆石：1块，形似足球
- ✔ 硬底层（废弃石料）：9桶
- ✔ 砂浆：1份（25kg）水泥，3份（75kg）细砂

构思设计

这堵墙的地基略低于地平面，第一层石头堆在压实的废弃石料上。先挖一道浅沟，把零零碎碎的废弃石料全部填进底部，用长柄锤压实，然后在沟里铺第一层石头，令其略低于地平面。

砌好三四层后，在顶上铺一层厚厚的砂浆，保持顶面水平，将压顶的大圆石和小石片摆好。将大圆石及其中心点位置标记出来即可，然后将第一块大圆石砌好，接着从高到低将小石块摆到中心点，再从低到高摆下一块大圆石。

准备工作

算出你想修筑的墙体有多长。这里给出的是每米墙体的建材用量，根据自家庭院情况计算所需数量。去石料加工厂，讨论一下你需要建筑的结构，选取好看的大圆石和劈开的不规则砂岩。

以大圆石压顶的矮墙剖视图

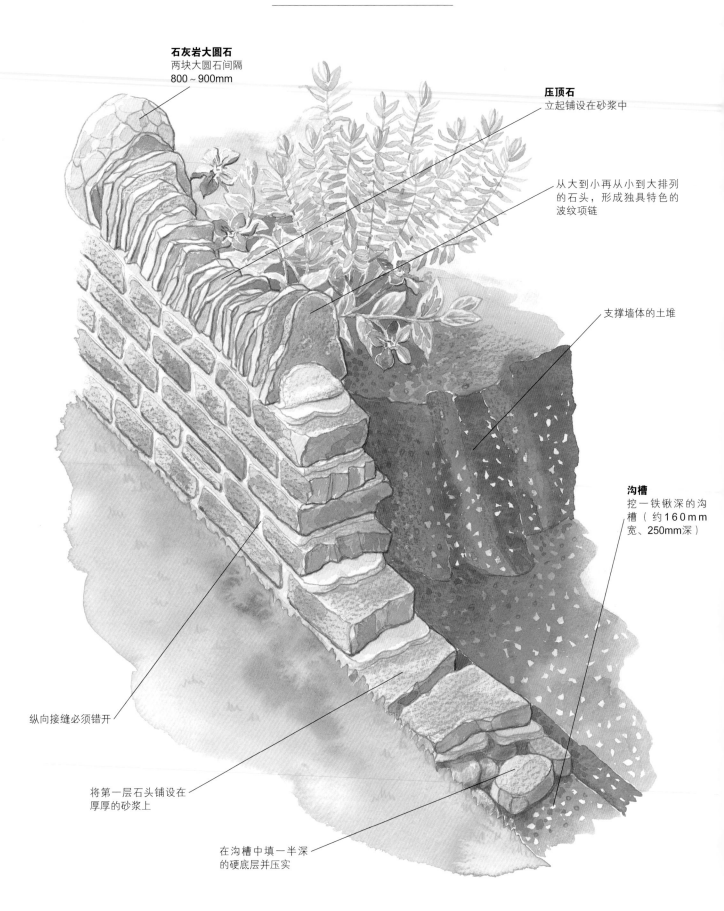

石灰岩大圆石
两块大圆石间隔
800~900mm

压顶石
立起铺设在砂浆中

从大到小再从小到大排列
的石头，形成独具特色的
波纹项链

支撑墙体的土堆

沟槽
挖一铁锹深的沟
槽（约160mm
宽、250mm深）

纵向接缝必须错开

将第一层石头铺设在
厚厚的砂浆上

在沟槽中填一半深
的硬底层并压实

修筑以大圆石压顶的矮墙

1 标记范围

用绳子和小木桩标记墙体的范围。按铁锹的宽度和深度挖出沟槽（约160mm 宽、250mm 深）。在沟槽里填一半深的硬底层，并用长柄锤压实。

2 铺设第一层

将厚厚的砂浆铲入沟槽，摆好第一层石头。目测是否水平，用砌砖锤调整拍平。将泥土耙进墙体内侧用于支撑。

3 砌筑后面几层

继续一层叠一层地砌筑，与此同时，尽量保证不同石头层在垂直方向上的接缝错开。在缝隙中填满砂浆和小片砂岩。

4 摆放大圆石

在墙顶铺抹一层砂浆。标出大圆石和每段中点的位置。摆好第一块大圆石后挨着大圆石将薄石片立起，摆出高低不等的波纹状，然后用石工锤修整石头。

5 勾缝

最后，用抹子在接缝中填满砂浆。修饰压顶石层和墙体之间的砂浆垫层，使其顺着压顶的角度下倾。清理灰缝，刷走多余的砂浆。

镶嵌装饰砌块台阶

这是极简主义者的理想计划。如果你家的风格简约明快，散发着现代气息，有许多玻璃和漆着哑光涂料的混凝土，镶嵌装饰砌块台阶将会非常适合你的庭院。这种台阶的装饰干净利落。每一级台阶的饰物都非常简洁，小块威尔士板岩排出迷人的编织图案。

构思设计

两块空心混凝土砌块，整体构成一级边长 440mm 的方形台阶。先挖地基，再铺砌整段台阶，最高一级的台阶与地平面等高。这种技巧无须精确测量，也不用砌筑踢面侧壁，每级台阶自成一体。砌块就位后，空心中先注入混凝土，再铺砂浆，插入小石头，这样既有装饰效果，也能让脚下更踏实。

准备工作

收到砌块后，随意摆出不同样式，直到明确整体效果为止。画出效果图，并测量尺寸。

你需要准备

工具

- ✔ 卷尺和直尺
- ✔ 小木桩和绳子
- ✔ 铁锹、长柄园艺叉和长柄铲
- ✔ 水平尺：一长一短
- ✔ 手推车和水桶
- ✔ 砌砖刀
- ✔ 抹子
- ✔ 软毛刷
- ✔ 画刷

材料

一段约1.7m长、440mm宽的台阶

- ✔ 空心混凝土砌块：8块，长440mm、宽210mm、厚210mm
- ✔ 威尔士紫红色板岩：25kg
- ✔ 岩石和卵石：2手推车的量（装饰场地）
- ✔ 混凝土：1份（20kg）水泥，5份（100kg）石砟
- ✔ 砂浆：1份（10kg）水泥，2份（20kg）细砂
- ✔ 涂料：颜色适合自家庭院的户外哑光涂料

外形尺寸和整体注意事项

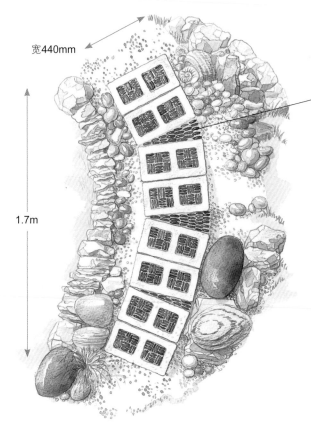

宽440mm

1.7m

两级台阶可呈一定夹角摆放，形成任意弧度

这种台阶灵感源自一位建筑师设计的海滨建筑。镶嵌装饰砌块台阶修筑简单，还可以随心所欲地刷成各种自己喜欢的颜色。

镶嵌装饰砌块台阶分解图

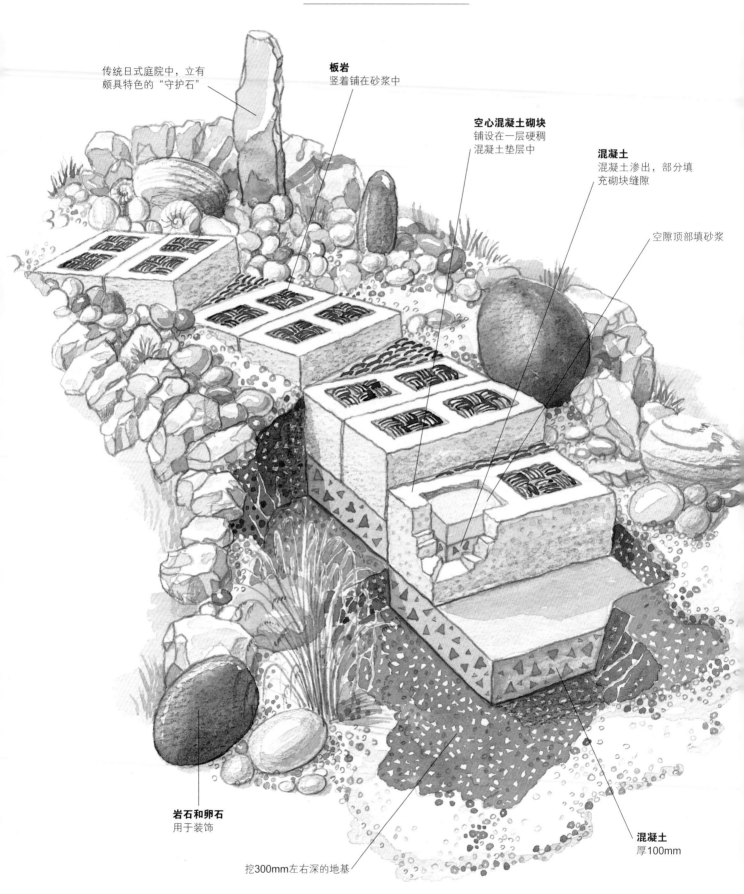

传统日式庭院中，立有
颇具特色的"守护石"

板岩
竖着铺在砂浆中

空心混凝土砌块
铺设在一层硬稠
混凝土垫层中

混凝土
混凝土渗出，部分填
充砌块缝隙

空隙顶部填砂浆

岩石和卵石
用于装饰

挖300mm左右深的地基

混凝土
厚100mm

修筑镶嵌装饰砌块台阶

1 试摆砌块

沿着小径预设走向摆出成对的混凝土砌块，各组彼此独立，整段台阶慢慢转变角度，形成曲线。

2 清理草皮

用铁锹沿着砌块组合外缘切出轮廓。移开砌块，划开草皮运走，挖出多个约 300mm 深的坑。用小水平尺检查坑底是否平整。

3 铺设砌块

混制硬稠混凝土，在每个坑里铺 100mm 厚，再将混凝土砌块成对摆进去，少量混凝土会渗入缝隙。调整高度，使每组砌块彼此齐平，且整体与这一段台阶齐平。

4 镶嵌图案

将混凝土铲入砌块缝隙，填到一半深，然后在顶部 10mm 内注入砂浆。将威尔士紫红色板岩插入砂浆，排出编织图案。确保镶嵌图案表面与砌块齐平。

5 上漆装饰

将砌块上的灰尘碎屑刷走，再刷上想要的颜色。最后，摆放岩石和卵石装饰场地。

石头花槽

所需时长
一个周末

一天铺设混凝土地基板，一天砌墙

这种花槽灵感源自英格兰北方地区的石头饮水槽。它由三层人造约克石砌成，顶层用一种名为"干果布丁"的传统压顶技巧装饰——毫无疑问，这是以当地一种大受欢迎的蒸布丁命名的。这个小计划比较适合规则庭院。

构思设计

每层由9块石块砌成，其中一块需沿着长边切去约三分之一（提前标记好切割槽线，用砌砖锤和砖工凿切开）。砌筑这种压顶装饰非常有意思。花槽主体完成后，在顶部厚厚地铺抹一层平整的砂浆，抹成顺滑的半圆弧面，然后插小块卵石点缀。

准备工作

确定花槽长度。先不用砂浆，试着摆出石块，熟悉不同石层怎样组合最好。

外形尺寸和整体注意事项

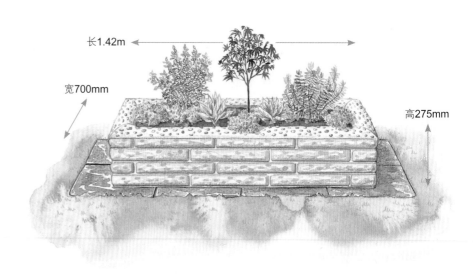

长1.42m

宽700mm

高275mm

人造石块砌成的小花槽很适合迷你庭院。花槽尺寸可以轻松调整，也可以设计成正方形或L形。

你需要准备

工具

- 卷尺、直尺和粉笔
- 小木桩和绳子
- 工作板，用于保护周围草坪
- 铁锹、耙子和长柄铲
- 手推车和水桶
- 横切锯
- 羊角锤
- 水平尺
- 长柄锤
- 捣固梁：约1m长、60mm宽、30mm厚
- 砌砖刀
- 砌砖锤
- 抹子
- 钢丝刷
- 软毛刷

材料

长1.42m、宽700mm、高275mm的花槽

- 人造约克石块：36块，长420mm、宽130mm、厚60mm
- 混凝土石板：8块，边长450mm的方

石板，搭配合适的颜色和纹理

- 卵石：约一桶的量，选取合适的大小和颜色
- 硬底层：2手推车
- 细砂：6手推车
- 砂浆：1份（30kg）水泥，6份（180kg）细砂
- 松木：长6m，宽75mm，厚25mm（用作模板）
- 钉子：1kg，38mm长的钉子

石头花槽分解图

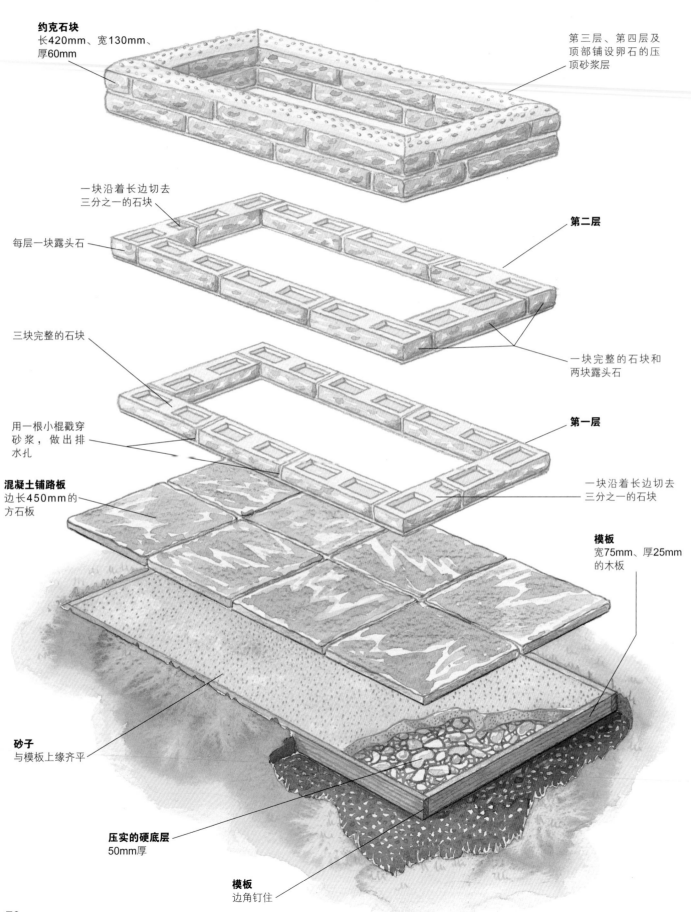

约克石块
长420mm、宽130mm、厚60mm

第三层、第四层及顶部铺设卵石的压顶砂浆层

一块沿着长边切去三分之一的石块

第二层

每层一块露头石

三块完整的石块

一块完整的石块和两块露头石

第一层

用一根小棍戳穿砂浆，做出排水扎

混凝土铺路板
边长450mm的方石板

一块沿着长边切去三分之一的石块

模板
宽75mm、厚25mm的木板

砂子
与模板上缘齐平

压实的硬底层
50mm厚

模板
边角钉住

石头花槽剖视图

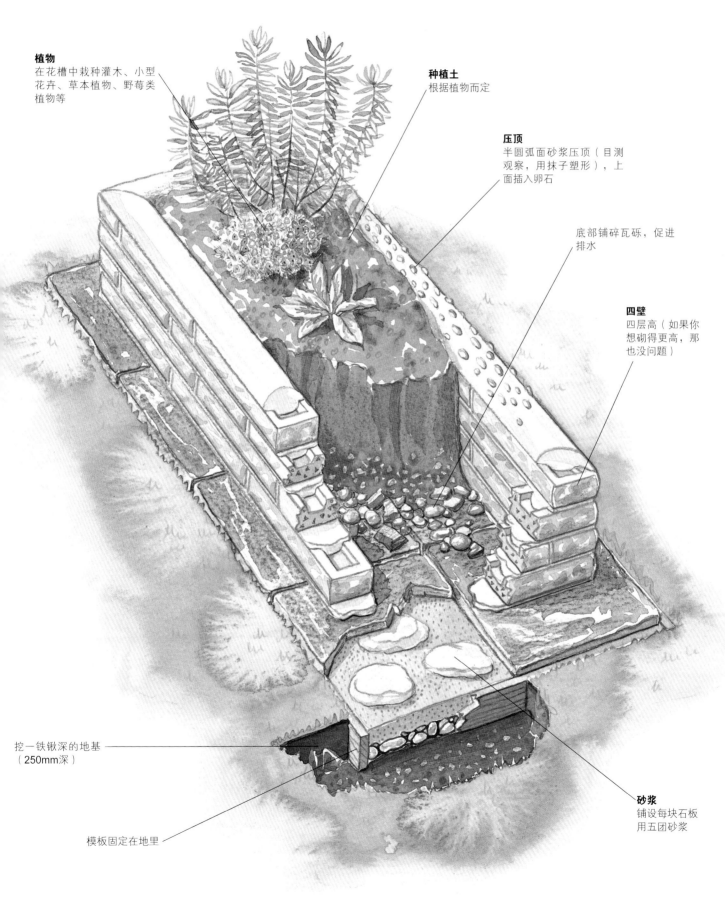

植物
在花槽中栽种灌木、小型花卉、草本植物、野莓类植物等

种植土
根据植物而定

压顶
半圆弧面砂浆压顶（目测观察，用抹子塑形），上面插入卵石

底部铺碎瓦砾，促进排水

四壁
四层高（如果你想砌得更高，那也没问题）

挖一铁锹深的地基（250mm深）

模板固定在地里

砂浆
铺设每块石板用五团砂浆

打造石头花槽

1 模板

测量并标记地基范围，宽 900mm、长 1.8m。按一铁锹下去的深度挖出地基。插入模板并对齐，然后用钉子固定住。在模板框架中铺设硬底层，并用长柄锤压实。

2 铺砂子

在框架内，将砂子铲到硬底层上，然后耙平。用捣固梁压实砂子，使其平整。最终，砂子将成为坚固的地基，同时与模板上缘齐平。

3 铺设混凝土板地基

混制细腻的硬稠砂浆。在要铺第一块混凝土板的砂子上放五团厚厚的圆面包状砂浆。润湿石板背面，小心地将其放在砂子上。其他混凝土板以同样的方法铺设。

4 试摆第一层

用卷尺、直尺和粉笔在混凝土板地基上标记出花槽形状。不用砂浆，试摆第一层约克石。用砌砖锤和砖工凿切割长为三分之二的那块石头。检查整体是否完全契合。

5 砌好第一层，整平

将砂浆铲到混凝土板上，润湿石块并摆好。用捣固梁、砌砖锤和水平尺检查，确保整层齐平。按第 70 页图示戳出两个排水孔。

6 砌筑其他石头层

重复上述过程，砌筑上面三层。确保所有接缝都注满砂浆，但本阶段先不管溢出的部分。砌筑新的一层之前，先检查前一层是否齐平。

7 用水平尺检查

等四层石头都砌好了，用捣固梁和水平尺测量并确保横平竖直。用砌砖锤将不平的砌块拍齐。

8 嵌入卵石

用抹子在顶上铺一层厚厚的砂浆压顶，将其塑为顺滑的半圆弧面。将卵石按入砂浆。用抹子、铁丝网和软毛刷修饰各层表面。

拱门特色石凳

难度系数：★ ★ ★
高级

**所需时长
两个周末**
一天砌筑基本的拱门，三天砌筑墙体、铺设石板

这方石凳拥有美丽动感的外形，砌筑过程也令人感到心满意足。在模板上砌石头，完成后再将模板移开，会有一扇无任何支撑的拱门出现在眼前，这一刻，你一定会很有成就感。如果你打算在庭院中砌一方石凳，用于休憩或直接当石桌，就可以尝试一下这个小计划，相信你的石工手艺会让自己和朋友们大吃一惊呢！

构思设计

这方石凳砌在一块底基混凝土板上（或现存的露台石板）。两侧石墩为手工砌筑而成，中间有胶合板起拱。薄石片插入铺满砂浆的胶合板中，砌筑侧壁和端壁，使其围成立体结构，最后在顶部覆盖石板，形成座板。

准备工作

先物色石材。砌筑石墩需要一些方方正正的石块，拱门需要一些碎裂的薄砂岩。

外形尺寸和整体注意事项

长1.2m　宽450mm　高530mm

此装饰石凳建在专门浇筑的地基石板上，但也可以直接在任何现有的露台上砌筑。这个拱门看似复杂，实际上很简单。

你需要准备

工具

- 卷尺、粉笔和直尺
- 小木桩和绳子
- 长柄铲
- 手推车和水桶
- 旧地毯：约300mm×600mm
- 砌砖锤
- 砖工凿
- 石工锤
- 砌砖刀
- 抹子
- 水平尺
- 软毛刷

材料

长1.2m、宽450mm、高530mm的石凳

- 砂岩：1手推车，约150mm宽、60～70mm厚（用于砌石墩）
- 砂岩或回收的屋面石瓦：3手推车薄石片（用于砌筑拱门和四壁）
- 废弃的屋面石瓦和碎瓦片：各1桶（用于拱门）
- 天然或人造约克石：2块边长450mm的方石板，1块长450mm、宽300mm的石板（充当座板）
- 绳纹顶边缘：12块砌边材料，长600mm、高150mm、厚50mm，赤陶色（用于框住板岩填充物）
- 球顶立柱：4根立柱，高280mm、长宽均为60mm，赤陶色（与边缘相匹配）
- 威尔士紫红色板岩碎屑：50kg（用于装饰填充）
- 混凝土砌块：6块，长450mm、宽225mm、厚100mm（用于起拱的胶合板）
- 模板或模具：一块薄薄的胶合板，长900mm、宽360mm、厚5mm（胶合板上会遍插石片）
- 硬底层：8手推车
- 混凝土：1份（35kg）水泥，2份（70kg）尖角粗砂，3份（105kg）骨料
- 砂浆：1份（25kg）水泥，3份（75kg）细砂

拱门特色石凳分解图

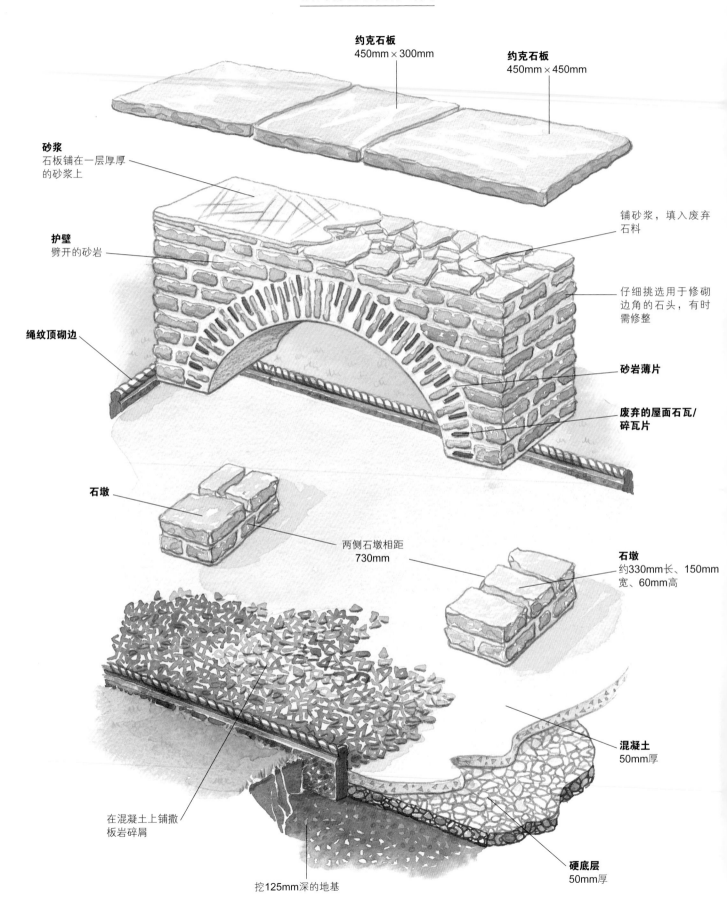

约克石板
450mm×300mm

约克石板
450mm×450mm

砂浆
石板铺在一层厚厚
的砂浆上

铺砂浆，填入废弃
石料

护壁
劈开的砂岩

仔细挑选用于修砌
边角的石头，有时
需修整

绳纹顶砌边

砂岩薄片

废弃的屋面石瓦/
碎瓦片

石墩

两侧石墩相距
730mm

石墩
约330mm长、150mm
宽、60mm高

混凝土
50mm厚

在混凝土上铺撒
板岩碎屑

硬底层
50mm厚

挖125mm深的地基

石凳细节图

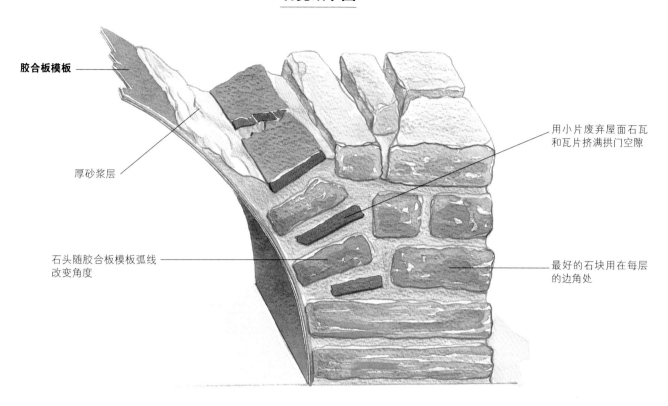

胶合板模板

厚砂浆层

石头随胶合板模板弧线
改变角度

用小片废弃屋面石瓦
和瓦片挤满拱门空隙

最好的石块用在每层
的边角处

石凳横截面图

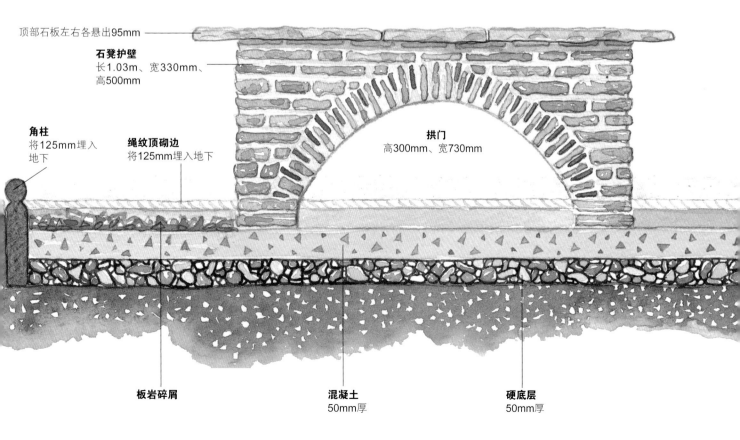

顶部石板左右各悬出95mm

石凳护壁
长1.03m、宽330mm、
高500mm

角柱
将125mm埋入
地下

绳纹顶砌边
将125mm埋入地下

拱门
高300mm、宽730mm

板岩碎屑

混凝土
50mm厚

硬底层
50mm厚

砌筑拱门特色石凳

1 标记范围

如有需要，先浇筑地基混凝土板。挖 125mm 深的地基，在凹槽中压实 50mm 厚的硬底层。浇注混凝土。标记石凳位置。石墩尺寸约为：长 330mm×宽 150mm×高 60mm，二者相隔 730mm。

2 砌石墩

先不用砂浆，堆起石墩，确保边角石块尽可能接近直角。用砌砖锤和砖工凿切割石料，再用石工锤修整。然后用砂浆砌石墩，晾几个小时。

3 拱门模板

在石墩周围摆上混凝土砌块，将胶合板夹在中间，只接触石墩内侧，使胶合板弯曲起拱。

5 移除胶合板

等砂浆凝固后，仔细移除胶合板和混凝土砌块。在石墩上铺砌一层层石头，尽可能保证边角方方正正。

4 砌筑拱门

混制细腻如黄油般稠度的砂浆，在模板上插入薄石片，从两头向中间砌筑，保证两边重量平衡。拱门前后两侧尽量与胶合板侧边对齐。

6 检查结构

砌筑四壁，不时停下，用水平尺检查垂直方向是否齐平。用锤子或抹子的手柄将不齐的石头推齐。

7 清理砂浆

等砂浆变脆（约两三个小时后），用抹子的尖头刮除多余的砂浆，露出石头边缘，尽可能使其美观，让石凳外观迷人。

9 嵌入绳纹顶砌边

在混凝土板地基四周挖出沟槽，铺一层砂浆，嵌入绳纹顶砌边和球顶角柱。用水平尺检查是否水平。用刷子清理石凳。最后，在石凳附近区域（绳纹顶砌边范围内）填入板岩碎屑。

8 铺设石板

在顶层石头上抹一层厚厚的砂浆，润湿座板背面，轻轻铺好。如有需要，用水平尺检查，并用砌砖锤的柄把石板轻轻拍平。

花式拼铺台阶

难度系数：★★★
高级

所需时长
两个周末
一天铺设地基混凝土板，剩下三天砌筑台阶

倘若你想修筑一段三四级的低成本台阶，试试石头的花式拼铺台阶如何？这种设计让人有重返20世纪20年代的感觉，混用劈开的天然砂岩和回收的料石。这种台阶踢面低矮，老少咸宜。阶面略带起伏，踏上去感觉很好，看起来也赏心悦目。

构思设计

起始处为一整块矩形混凝土板地基，此后拾级而上。先砌筑混凝土板，再砌第一级台阶的踢面、侧壁和后壁。壁中回填混凝土，随后在其上覆盖花式拼铺石料砌成第一级台阶的踏面。然后砌筑第二级台阶的踢面、侧壁和后壁，回填混凝土，继续砌筑。我们用劈开的不规则砂岩作壁，但你也可以用石灰岩甚至混用砖块和石块，视预算和可获得的材料而定。台阶踢面的高度和踏面的深度以安全性和舒适性为重——低矮的踢面舒适又安全；不过，阶面宽度可以根据场地和个人需求调整。

准备工作

确定你要修筑多长的台阶。确定修筑位置，标记出地基板范围。提前规划好砌筑台阶时在庭院中搬运移动的路线。

你需要准备

工具

- 卷尺和直尺
- 小木桩和绳子
- 铁锹、长柄园艺叉和长柄铲
- 长柄锤
- 手推车和水桶
- 捣固梁：约1.5m长、60mm宽、30mm厚
- 砌砖锤和羊角锤
- 石工锤
- 砌砖刀和抹子
- 水平尺
- 软毛刷

材料

两级台阶，每级宽1m、进深600mm、高185mm

- 砂岩：约1.2m²劈开的石头，大小厚度不等（已将可能存在的浪费计入其中，也留出了选择余地）
- 硬底层（建筑瓦砾或废弃石料）：约10手推车
- 松木：长8m、宽60mm、厚30mm（用作模板）
- 混凝土：1份（100kg）水泥，5份（500kg）石砟
- 砂浆：1份（50kg）水泥，3份（150kg）细砂（已将可能存在的浪费计入其中）
- 钉子：12根，50mm长

外形尺寸和整体注意事项

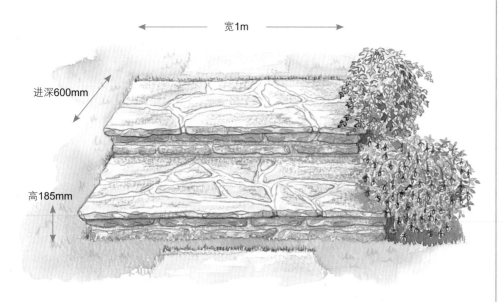

宽1m
进深600mm
高185mm

这个小计划非常适合乡间或城市庭院。花式拼铺台阶表面美观而实用。台阶的宽度、高度和深度都可根据个人需求和场地坡度调整。

花式拼铺台阶分解图

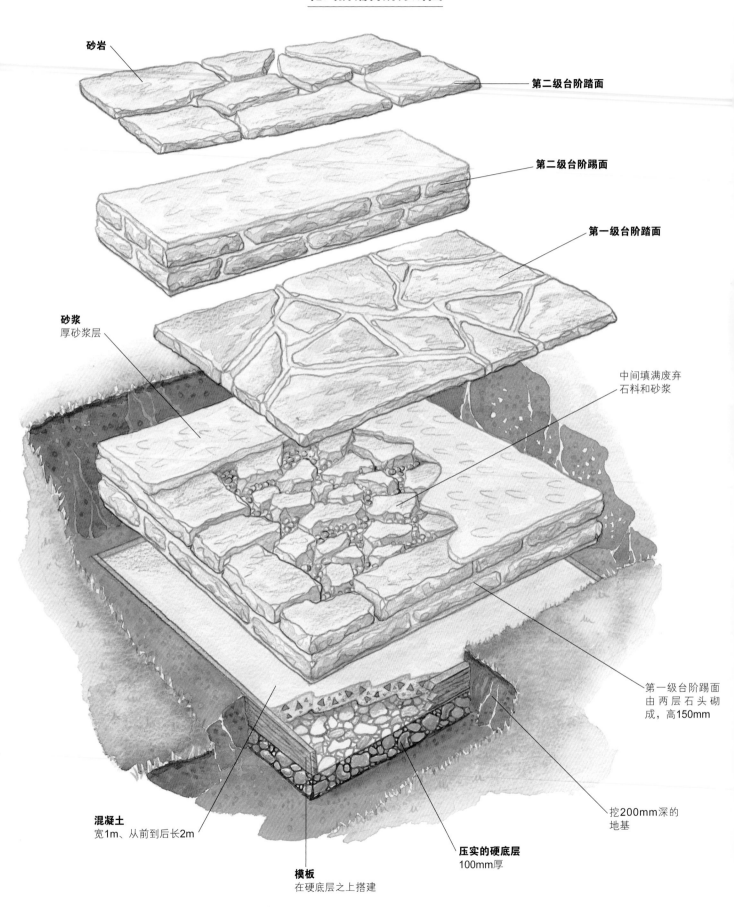

砂岩

第二级台阶踏面

第二级台阶踢面

第一级台阶踏面

砂浆
厚砂浆层

中间填满废弃
石料和砂浆

第一级台阶踢面
由两层石头砌
成，高150mm

挖200mm深的
地基

混凝土
宽1m、从前到后长2m

模板
在硬底层之上搭建

压实的硬底层
100mm厚

花式拼铺台阶剖视图

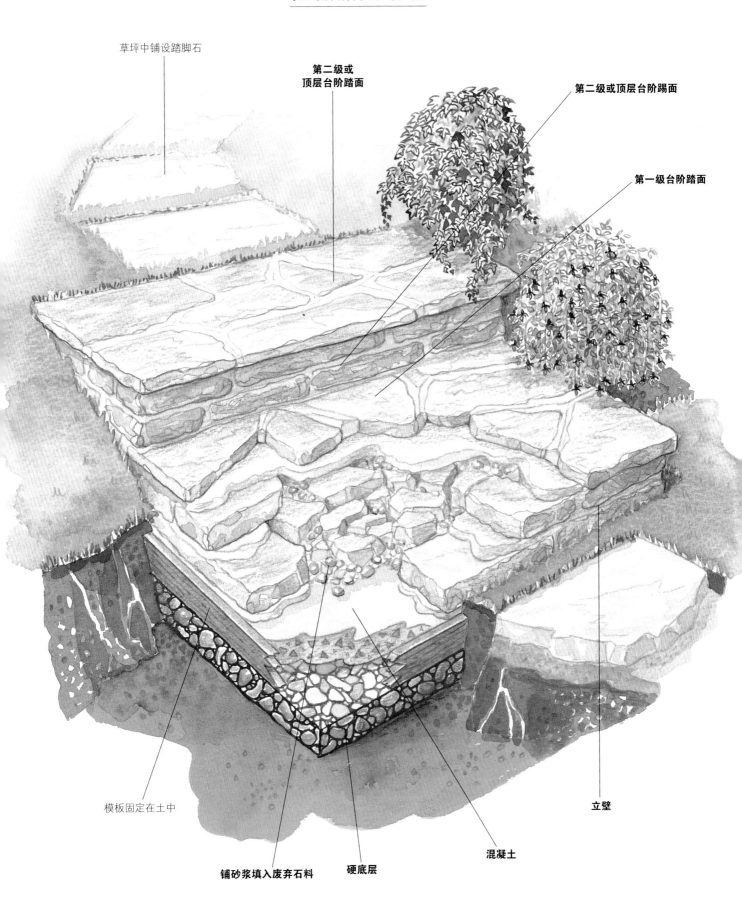

草坪中铺设踏脚石

第二级或
顶层台阶踏面

第二级或顶层台阶踢面

第一级台阶踏面

模板固定在土中

铺砂浆填入废弃石料

硬底层

混凝土

立壁

修筑花式拼铺台阶

1 标记范围

用卷尺、小木桩和绳子标记地基石板的整体范围形状，宽 1m、从前到后长 2m。将草皮划成方块，从场地移除（可用于他处或赠给亲朋、邻居）。

2 浇筑混凝土板

挖 200mm 深的地基。在凹槽中填入一半深的硬底层，用长柄锤压实。搭建模板，固定好。在硬底层上铺一层 100mm 厚的混凝土，用捣固梁整平。

3 摆出第一级台阶

用卷尺、直尺和粉笔，在地基混凝土板上标记出第一级台阶踢面、侧壁和后壁的位置。选出石料，先不用砂浆，试着摆出来。这片矩形区域宽 300mm。尽可能缩小接缝，边角处用带直角的石料。

4 砌筑第一级台阶

混制黄油般稠度的砂浆，砌筑高 150mm 的踢面、侧壁和后壁。将废弃石料和剩余的砂浆回填入围出的区域内，125mm 深。在中间区域浇筑混凝土并整平。

5 花式拼铺

等混凝土凝固，将挑出用于拼铺的石头摆好。将砂浆铲到混凝土上，砌上花式拼铺石块。砌的时候，踏面须悬出前缘和侧边约 20mm。

6 砌筑其他台阶

从踏面边缘向后方量出 600mm 定位，确定踏面深度，并找到下一级台阶踢面的位置。重复第一级台阶的砌筑步骤，修筑下一级台阶。须不时检查所砌结构是否横平竖直。

8 勾缝

用抹子将新拌的砂浆填入花式拼铺的石头缝隙，勾抹出微倾的缝隙表面。最后，将砂浆填入接缝，塑出山脊。

7 尝试组合

选择石头时，尝试不同组合方式，找出切割工作量最小的方案。用石工锤切割石头。用砂浆铺设前，确保所有石材能拼合成一个完整且大小合适的矩形。

罗马式拱门壁龛

难度系数：★ ★ ★
高级

所需时长
一个周末
一天铺设底基
石板、搭建模板，
一天砌筑拱门

在室内和庭院僻静的角落中砌筑壁龛，是许多国家的古老传统，或出于宗教目的，或用于陈设意义非凡的家庭物件。这一设计灵感源自意大利常见的拱形结构凹室和壁龛。用它展示庭院雕塑或喜爱的盆栽的效果非常棒，也可融入庭院中的水景。

构思设计

这座拱门背靠墙体，在底基石板上垫木头，其上放置木板模具起拱砌筑。在模具上铺抹砂浆，插入石头，最后移走木垫板和模具。秘诀在于：石片越薄、越相似，越容易将它们插满拱门。

准备工作

先搭建模板。操作非常简单——钉几根木条，把两块胶合板撑开，然后在该整体形状的侧面覆盖胶合板。

外形尺寸和整体注意事项

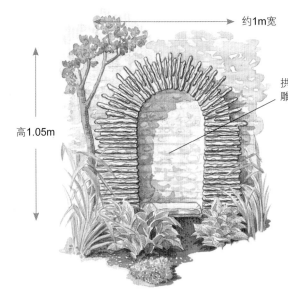

约1m宽

高1.05m

拱门凹槽非常适合放置雕塑或装饰品

这个计划非常适合有荫蔽的场地。壁龛需要背靠已有的石墙或砖墙砌筑。可用薄石片、板岩或陶瓦片砌筑拱门。

你需要准备

工具

- 卷尺、直尺和圆规
- 横切锯
- 电锯
- 羊角锤
- 螺丝刀
- 小木桩和绳子
- 铁锹和长柄铲
- 手推车和水桶
- 水平尺
- 长柄锤
- 石工锤
- 砌砖刀
- 抹子
- 钳子
- 软毛刷

材料

高1.05m、宽1m的拱门

- 硬底层：约1手推车的量
- 底基石板：约1m长、300mm宽、50mm厚，匹配合适的颜色纹理
- 石头基座板：约400mm长、150mm宽、75mm厚，比地基石板略大
- 屋面石瓦：两手推车薄石片，回收或劈开的都可以

- 胶合板：2块长700mm、宽400mm、厚4mm的胶合板；1块长2m、宽200mm、厚4mm的胶合板（用作模具）
- 松木：15块，长200mm、宽35mm、厚20mm（用作连接两块模具板的木条和木垫板）
- 砂浆：1份（10kg）水泥，1份（10kg）石灰，2份（20kg）细砂
- 螺丝：50颗，25mm长的十字螺丝（数量充足）
- 钉子：50根，25mm长的平头钉（数量充足）
- 软镀锌丝：600mm

罗马式拱门壁龛分解图

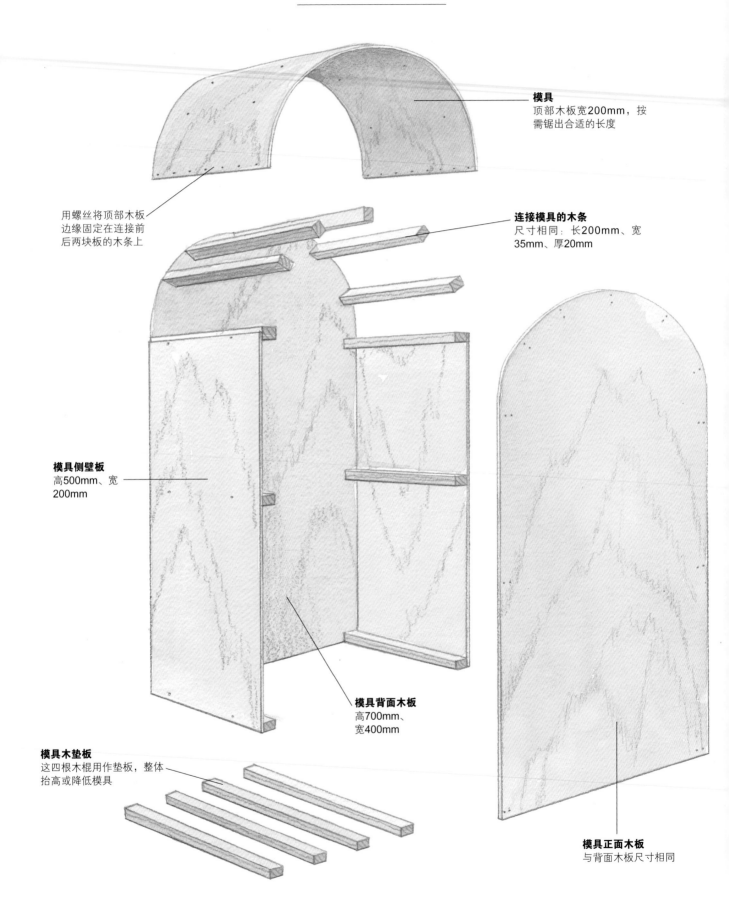

模具
顶部木板宽200mm，按需锯出合适的长度

用螺丝将顶部木板边缘固定在连接前后两块板的木条上

连接模具的木条
尺寸相同：长200mm、宽35mm、厚20mm

模具侧壁板
高500mm、宽200mm

模具背面木板
高700mm、宽400mm

模具木垫板
这四根木棍用作垫板，整体抬高或降低模具

模具正面木板
与背面木板尺寸相同

罗马式拱门壁龛分解图

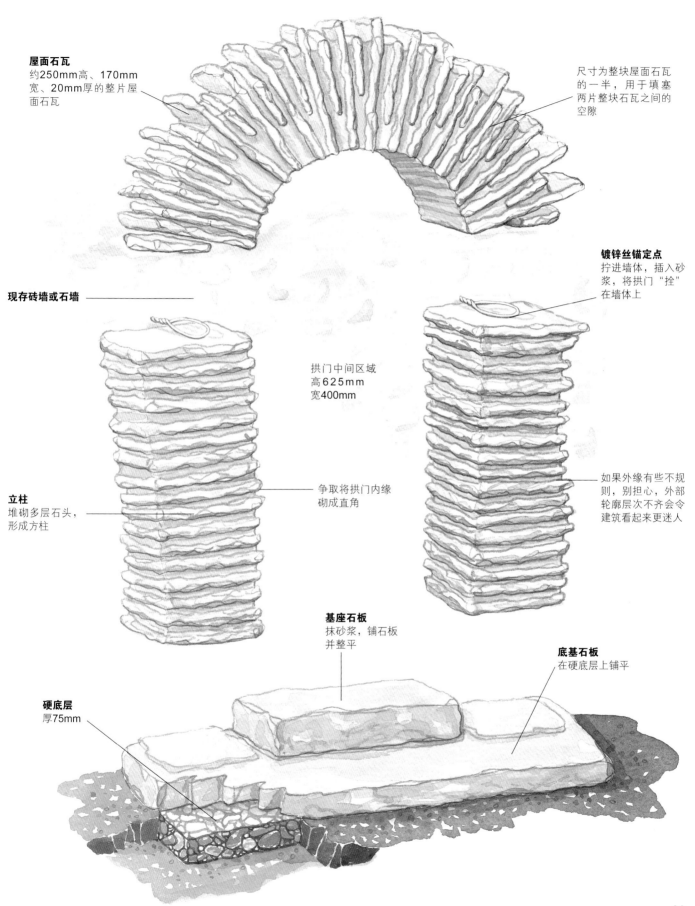

屋面石瓦
约250mm高、170mm宽、20mm厚的整片屋面石瓦

尺寸为整块屋面石瓦的一半，用于填塞两片整块石瓦之间的空隙

镀锌丝锚定点
拧进墙体，插入砂浆，将拱门"拴"在墙体上

现存砖墙或石墙

拱门中间区域
高625mm
宽400mm

如果外缘有些不规则，别担心，外部轮廓层次不齐会令建筑看起来更迷人

立柱
堆砌多层石头，形成方柱

争取将拱门内缘砌成直角

基座石板
抹砂浆，铺石板并整平

底基石板
在硬底层上铺平

硬底层
厚75mm

修筑一座罗马式拱门壁龛

2 覆盖模具

用胶合板覆盖模具侧面。沿着弧线弯曲胶合板，用螺丝固定在连接木条上。不要怕费螺丝。

1 搭建模具

模具的正面和背面是两块相隔 200mm 的胶合板，如操作图所示。用钉子或螺丝直接连接长 200mm 的木条，将两片板固定在一起。

3 铺底基石板

清理平整场地，用长柄锤压实泥土。铺设 75mm 厚的硬底层，用长柄锤压实。在一团团砂浆上铺底基石板。用水平尺检查是否齐平。

4 铺基座石板

在底基石板上抹砂浆，接着铺基座石板。用卷尺和水平尺确保摆放齐平，两块石板中心对齐。

5 摆放模具

在基座上放好木垫板,将模具摆上去,紧贴墙体。检查是否横平竖直,模具中线要与基座对齐。须格外留心观察侧面,模具不能向前倾(可略微后仰)。

6 砌立柱

混制黄油般的细腻砂浆,动手在模具两侧砌筑一层层石头,形成方柱。确保两边石堆横平竖直,须不时用水平尺检查。

7 锚定点

拧好镀锌丝,在拱门顶部找四五处扭进墙体,作为石砌的锚定点。砌筑立柱时,将镀锌丝末端插入石片之间的砂浆里,加固结构。

8 砌拱门

将石片插入模具顶部的弧面,在每两片整块石片之间插入一片半块的石片,同时确保间隔均匀。最后,等砂浆干硬一些,用抹子为砂浆塑形,露出石头边缘。

小园闲憩——家庭庭院露台设计与建造

定价：59.90 元

内容简介：露台会帮助我们打破室内空间所带来的局限，远离需要在室内遵循的条条框框，让我们更放松、更爱笑，流露出无拘无束的生活态度。别再躲在室内，是时候在院子中打造自己喜欢的露台了。本书将引导大家按步骤完成露台设计、规划和建筑流程。现在，动手让你的露台美梦成真吧！

水庭景物——家庭水景庭院设计与建造

定价：59.90 元

内容简介：如果你梦想拥有一座属于自己的水景庭院，这本书将会耐心地引导你度过所有棘手的阶段，从确定风格、挑选工具、设计图纸，一直到挖掘孔洞、垒砌池壁、种植植物、鱼类蓄养等都包含在内。别再让水景庭院停留在幻想中了，是时候来打造属于自己的水景庭院了。

庭院深深——家庭庭院设计与打造

定价：59.90 元

内容简介：庭院可以满足你的所有要求——阅读、与家人嬉戏、疗愈身心、种出美味蔬菜等，还可以修池塘、露台、木屋……选择之多，令人无比兴奋。也许你的庭院并不比一间小房间大多少，但这并不妨碍你将它打造成家中最棒的"房间"。这本书将带你了解建造庭院的全部阶段，从规划、绘制图纸到选择工具、挖掘、建筑墙体、种植、采购等。不必让梦想继续等待，现在就可以将梦想变成现实。